ISW 45

Berichte aus dem Institut für Steuerungstechnik
der Werkzeugmaschinen und Fertigungseinrichtungen
der Universität Stuttgart

Herausgegeben von Prof. Dr.-Ing. G. Stute †

H. ERNE

Taktile Sensorführung für Handhabungseinrichtungen

Systematik und Auslegung sensorgeführter Steuerungen

Springer-Verlag Berlin Heidelberg GmbH

D 93

Mit 57 Abbildungen

ISBN 978-3-540-11908-1   ISBN 978-3-662-10214-5 (eBook)
DOI 10.1007/978-3-662-10214-5

2362/3020-543210

Geleitwort des Herausgebers

Das Institut für Steuerungstechnik der Werkzeugmaschinen und Fertigungseinrichtungen der Universität Stuttgart befaßt sich mit den neuen Entwicklungen der Werkzeugmaschinen und anderen Fertigungseinrichtungen, die insbesondere durch den erhöhten Anteil der Steuerungstechnik an den Gesamtanlagen gekennzeichnet sind. Dabei stehen die numerisch gesteuerten Werkzeugmaschinen in Programmierung, Steuerung, Konstruktion und Arbeitseinsatz sowie die vermehrte Verwendung des Digitalrechners in Konstruktion und Fertigung im Vordergrund des Interesses.

Im Rahmen dieser Buchreihe sollen in zwangloser Folge drei bis fünf Berichte pro Jahr erscheinen, in welchen über einzelne Forschungsarbeiten berichtet wird. Vorzugsweise kommen hierbei Forschungsergebnisse, Dissertationen, Vorlesungsmanuskripte und Seminarausarbeitungen zur Veröffentlichung.

Diese Berichte sollen dem in der Praxis stehenden Ingenieur zur Weiterbildung dienen und helfen, Aufgaben auf diesem Gebiet der Steuerungstechnik zu lösen. Der Studierende kann mit diesen Berichten sein Wissen vertiefen.

Unter dem Gesichtspunkt einer schnellen und kostengünstigen Drucklegung wird auf besondere Ausstattung verzichtet und die Buchreihe im Fotodruck hergestellt.

Der Herausgeber dankt dem Springer-Verlag für Hinweise zur äußeren Gestaltung und Übernahme des Buchvertriebs.

Gottfried Stute

INHALTSVERZEICHNIS

Seite

Formelzeichen

a	Polynomkoeffizient
$\bar{a}$	Koordinatenadresse
$\bar{a}_0$	Anfangsadresse des Koordinatenspeichers
$\left.\begin{array}{c} A \\ B \\ C \\ D \end{array}\right\}$	allgemeine Ebenenkoeffizienten, Koeffizienten des Normalenvektors
d	Auswahlschrittnummer
$\bar{d}$	Datensatzlänge
E	Ganzzahlfunktion
G	Auswahlfunktion
g_i	Grenzindex, $i=1,2$
$\bar{k}$	Koordinatensatzanzahl
m'	Anzahl interpolierter Querschnittspunkte
$\bar{m}$	Anzahl flächenbeschreibender Querschnittspunkte
n'	Meßschnittanzahl
$\bar{n}$	Anzahl flächenbeschreibender Querschnitte
$\underline{N}$	Normalenvektor
p	Koordinatensatznummer
P	Punkt
R	Radius
s	Schnittabstand
$\bar{s}$	Distanz zwischen Koordinatensätzen
S	Stufenbreite der Ganzzahlfunktion
T_{AB}	Abtastperiode der zeitdiskreten Lageregelung
T_{REST}	durchschnittliche Restzeit im Lageregelzyklus
T_{SDV}	Ausführungszeit für die Sensordatenverarbeitung
u_B	Bahngeschwindigkeit
U	programmierter Wert des Längenwinkels
V	programmierter Wert des Breitenwinkels
W	Verschiebung der Ganzzahlfunktion
$\left.\begin{array}{c} x \\ y \\ z \end{array}\right\}$	allgemeine kartesische Koordinaten

$$\left.\begin{array}{c} X \\ Y \\ Z \end{array}\right\}$$ programmierte Werte der kartesischen Koordinaten

$$\left.\begin{array}{c} \alpha \\ \beta \\ \gamma \end{array}\right\}$$ Richtungswinkel des Normalenvektors

Δs Sensorabstand

Δy Interpolationsschrittweite

ν ganzzahlige Variable, $\nu = 1,2, \ldots$

λ Multiplikationsfaktor

Mehrfach benützte Indizes

i Zählvariable, $i=1,2, \ldots$

j Zählvariable, $j=1,2, \ldots$

m   Mittelpunkt-

mod   modifiziert

prog   programmiert

r   raumfest

s   Sensor-

xz   in Richtung der xz-Ebene

yz   in Richtung der yz-Ebene

Abkürzungen

AC   Adaptive Control

CNC   Computer Numerical Control

D/A   Digital/Analog

DMS   Dehnungsmeßstreifen

LVDT   Linear Variable Differential Transformer

(linearer Differentialtransformator-Wegaufnehmer)

NC   Numerical Control

PHG   (frei) Programmierbares Handhabungsgerät

SDV   Sensordatenverarbeitung

SF   Sehnenfläche

Für die NC-Programmbeispiele in Kapitel 6.4 werden
folgende Adreßbuchstaben verwendet:

F	Vorschubwert (Bahngeschwindigkeit)
G	Wegbedingung
I J K	Parameter zur Bahnauswahl
M	M-Funktion
N	Satznummer
T	Programmnummer oder Steuerparameter
U	Längenwinkel des Werkzeugachsvektors
V	Breitenwinkel des Werkzeugachsvektors
X	X-Koordinate
Y	Y-Koordinate — eines programmierten Bahnpunktes
Z	Z-Koordinate

1 Einführung und Aufgabenstellung

In der industriellen Fertigungstechnik zeichnet sich ein zunehmender Einsatz von Handhabungseinrichtungen, wie Manipulatoren und Industrierobotern ab. Letztere sollen nach der Definition von /1/ hier als frei programmierbare Handhabungsgeräte (PHG) bezeichnet werden. Die Erweiterung der Aufgabenpalette für solche Einrichtungen und die Übernahme von bisher durch Menschen ausgeführten Tätigkeiten führten zur Notwendigkeit, Sensoren als teilweisen Ersatz für Einzelbereiche der menschlichen Sinne einzusetzen. Die Entwicklung geeigneter Sensorsysteme ist hauptsächlich in zwei Bereichen zu sehen. Zum einen geht es um eine Erweiterung der visuellen Fähigkeiten von Handhabungseinrichtungen, zum anderen wird die taktile Erfassung der Umwelt durch die Weiterentwicklung entsprechender Tastsensoren ermöglicht.

Visuelle Sensoren in Verbindung mit Handhabungseinrichtungen, insbesondere PHG, haben teilweise bereits einen hohen Komplexitätsgrad erreicht (z.B. Mustererkennung, Werkstückidentifikation) und stehen als autonome Systeme mit klaren Schnittstellen zur übergeordneten Steuerung zur Verfügung /3/.

Taktile Sensoren sind seit längerem zu finden in Manipulatoren oder Kraftverstärkern /4/ als Kraft- und Momentenmeßeinrichtung (z.B. für Kraftrückführung) oder als Zweipunktschalter zur Werkstückidentifikation oder für Palettierungsaufgaben mit Handhabungsgeräten /37/. Die Entwicklung höherwertiger taktiler Sensorsysteme hat im Bereich der Kraft- und Momentenerfassung vor allem die Messung in mehreren Freiheitsgraden zum Ziel /5,6/.

Daneben wird versucht, durch taktile Sensoren auch die Verarbeitung geometrischer Informationen zu ermöglichen und die so aufbereiteten Daten zur Steuerung von PHG heranzuziehen /7,8/. Diese Art der Sensordatenverarbeitung hat bei PHG bisher eine relativ geringe Verbreitung gefunden, obwohl sie mit der zu erwartenden Weiterentwicklung leistungsfähiger Minicomputersysteme immer günstigere Voraussetzungen antrifft.

Die Mehrzahl der Veröffentlichungen über taktile Sensoren beschäftigt sich mit der Darstellung und Diskussion von Einzellösungen für bestimmte Aufgaben, hauptsächlich mit Blick auf Anwendungen im industriellen Fertigungsbereich in Verbindung mit PHG. Übersichten über den Stand taktiler Sensortechnik finden sich in älteren Veröffentlichungen /9/, die sich allgemein mit dem Einsatz taktiler Sensoren für industrielle sowie Forschungszwecke befassen. Im Zusammenhang mit der zunehmenden Verbreitung intelligenter programmierbarer Steuerungen, besonders für PHG, stellt sich die Frage nach der Anpassung und Verarbeitbarkeit der von den Sensoren abgegebenen Signale in diesen Steuerungen.

Im ersten Teil der vorliegenden Arbeit soll zunächst der gegenwärtige Stand der Entwicklung und Technik taktil arbeitender Sensorsysteme dargestellt und systematisiert werden. Früher als in der Fertigungstechnik haben taktile Sensoren für Handhabungseinrichtungen in der Nukleartechnik, der Raumfahrt, der biomedizinischen Technik und der Unterwasserforschung Anwendungen gefunden. Daher werden auch einzelne Veröffentlichungen aus diesen Bereichen herangezogen. Anhand der Auswertung einer Reihe von Veröffentlichungen (/4/ bis /54/) wird versucht, auch quantitative Aussagen über die Verbreitung bestimmter Lösungsvarianten für die Auslegung der Sensoren und zugehöriger Einrichtungen sowie von Meßverfahren und Signalverarbeitungsstrategien abzuleiten.

Die meisten der industriell eingesetzten Systeme verarbeiten die von taktilen Sensoren gelieferten Daten so, daß vorgegebene Funktionen oder Bewegungsabläufe beeinflußt oder korrigiert werden. Dabei werden bei PHG teilespezifische Programmverzweigungen und Programmauswahl ausgelöst oder bei Montagegeräten Kräfte und Momente zu Korrekturen der Werkzeug- oder Greiferbewegungen ausgewertet.

Für kompliziertere Bearbeitungsaufgaben mit PHG, wie sie etwa beim Schleifen vorliegen, reichen die bekannten Steuerungsstrategien meist nicht aus. Hier müssen geometrische Größen des Werkstücks, wie Weglängen oder räumliche Koordinaten, taktil erfaßt und durch entsprechende Datenverknüpfung zu einer steuerungsinternen numerischen Werkstückbeschreibung verarbeitet werden, die als Basis für die Generierung von werkstückangepaßten Bearbeitungsprogrammen dient.

Ausgehend von einer konkreten Bearbeitungsaufgabe sind im zweiten Teil dieser Arbeit Anforderungen an die geometrische Verarbeitung der Meßsignale taktiler Sensoren an einem PHG abzuleiten, um daraus ein Konzept zur steuerungsinternen Werkstückbeschreibung und zur Werkzeugführung zu entwickeln. Auf der Basis einer herkömmlichen CNC (Computer Numerical Control) soll die geräte- und programmtechnische Implementierbarkeit gezeigt werden.

Ziel dieses Abschnittes der Arbeit ist es, ein übertragbares Lösungskonzept aufzuzeigen, das sich über einfache Schnittstellen mit bestehenden PHG-Steuerungen heutiger Bauart (zunehmend CNC) koppeln läßt.

2 Taktile Sensoren für Handhabungseinrichtungen

Der gegenwärtige Entwicklungsstand taktiler Sensorsysteme ist gekennzeichnet durch eine Fülle von Einzellösungen für spezielle Anwendungen. Bei näherer Betrachtung zeigt sich jedoch, daß verschiedene Ausführungsformen auf eine kleine Anzahl wiederkehrender, bewährter Lösungsprinzipien zurückzuführen sind. Auch die jeweils an den taktilen Sensor gestellten Anforderungen sind klassifizierbar.

Der nachfolgende Versuch einer Systematisierung von Problemen und Lösungsansätzen, die im Zusammenhang mit dem Einsatz taktiler Sensoren an Handhabungs- und vergleichbaren Automatisierungseinrichtungen auftauchen, kann, insbesondere im Hinblick auf die rasche technische Innovation auf diesem Gebiet, keinen Anspruch auf Vollständigkeit erheben. Die vorgelegten Schaubilder zeigen jedoch Entwicklungstendenzen. Einige der Systeme befanden sich zum Zeitpunkt der Untersuchung noch im experimentellen Stadium ohne industrielle Anwendung.

2.1 Definition und Abgrenzung

Im Rahmen dieser Arbeit sollen taktile Sensoren als Einrichtungen oder Geräte verstanden werden, die bei irgend einer Form der Berührung Signale abgeben können. Zur Verarbeitung in Steuerungen für Handhabungseinrichtungen werden diese Signale in der Regel elektrischer Art sein. Daneben findet man auch den Einsatz pneumatisch oder fluidisch arbeitender Sensoren in Verbindung mit entsprechenden nichtelektrischen Steuerungen /28, 40 ... 43/.

Der Begriff "taktil" wird in der Literatur nicht einheitlich verwendet. So sind z.B. Näherungssensoren sowie Kraft- und Momentensensoren vereinzelt nicht unter diese Rubrik eingereiht. Auch werden unter "Sensoren" teils einzelne Fühler, also Meßwertaufnehmer oder Meßgrößenwandler, teils aber komplexe Systeme mit integrierter Datenverarbeitung und Datenschnittstelle zur Steuerung einer Montage- oder Handhabungseinrichtung verstanden.

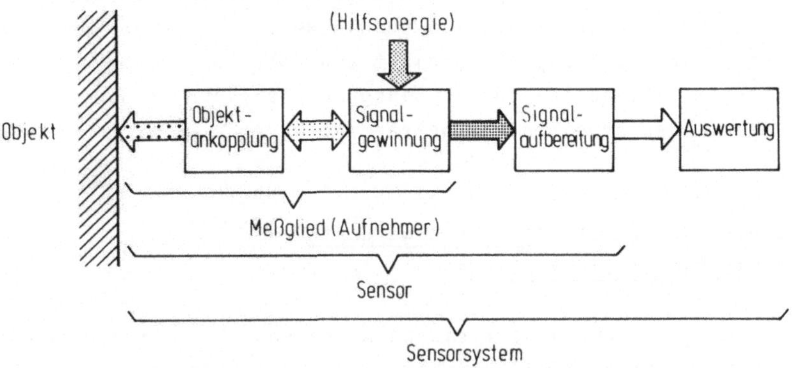

Bild 2.1: Funktionsgruppen taktiler Sensoren

Ein taktiles Sensorsystem besteht in der Verallgemeinerung von /55/ aus den in Bild 2.1 angegebenen Funktionsgruppen. Zur Definition eines taktilen Sensors sollen in der vorliegenden Arbeit folgende Kriterien für die dargestellte Objektankopplung herangezogen werden:

- berührende Arbeitsweise des Sensors als einzelnes Meßglied mit mechanischem Eingriff oder Kontakt mit einem abzutastenden Objekt

  oder

- berührungslose Arbeitsweise, wenn diese mit gleichem Ziel wie berührende eingesetzt wird (z.B. Distanzmessung bei Annäherung an ein Objekt) und durch diese ersetzt werden könnte.

Damit wird eine Erweiterung der Gruppe der taktilen Sensoren auch auf quasi-taktil arbeitende Einrichtungen vorgenommen, die insbesondere Näherungssensoren einschließen.

Eindeutig davon absetzbar sind die visuellen Sensoren, die auf optischen Prinzipien mit Licht verschiedener Wellenlängen oder auf Laserbasis beruhen. Eine Sonderstellung nehmen Näherungssensoren ein, die auf optischem Wege sehr kurze Distanzen vermessen können (z.B. /24,56/). Da die Beschränkung auf den Nahbereich nicht prinzipiell bedingt und daher der Meßbereich erweiterbar ist, sollen solche Sensoren als visuelle Systeme im Rahmen dieser Arbeit nicht betrachtet werden.

2.2 Aufgaben für taktil sensorgeführte Handhabungseinrichtungen

In Bild 2.2 sind einige typische Aufgaben für sensorgeführte Systeme zusammengestellt, wobei eine Aufgliederung nach der jeweiligen Funktion des Sensors im System vorgenommen wurde.

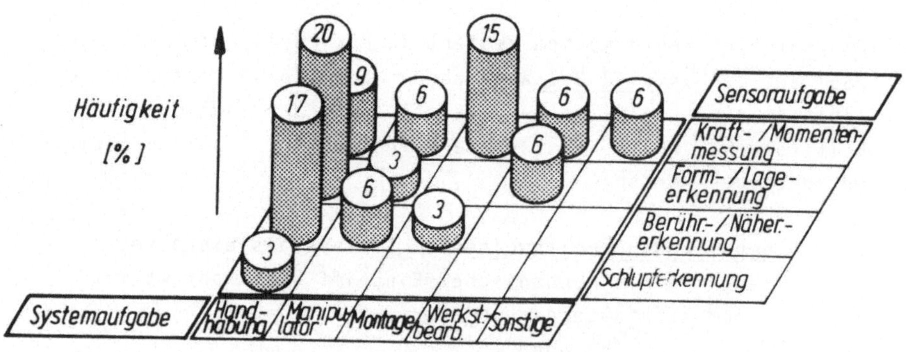

Bild 2.2: Typische Aufgaben für taktil sensorgeführte Handhabungseinrichtungen (100% ≙ 53 Systeme)

Die Mehrzahl der Sensoren ist für den erweiterten Bereich des Handhabens (einschließlich Werkstückerkennung, Sortieren und Maschinenbeschickung) konzipiert. Auch die in Manipulatoren verwendeten Sensoren dienen im wesentlichen der Kontrolle von

Handhabungsvorgängen (z.B. Greifkraftüberwachung) oder auch zur Aufnahme der von der Bedienungsperson erzeugten Steueroperationen bei Master-Slave-Systemen (z.B. für Anwendungen in der Reaktortechnik /4/ oder bei Mikromanipulatoren /10,11/).

Eine ebenfalls nennenswerte Zahl von Einrichtungen wurde für Montageaufgaben entwickelt, wobei für Fügeoperationen vorwiegend Kräfte und Momente zu messen sind. Werkstückbearbeitungsaufgaben, wie Schleifen und Gußputzen, teilweise auch als Werkzeughandhabung bezeichnet, nehmen bislang nur einen Anteil von etwa 12 % der Anwendungen für taktile Sensoren ein. Dabei kann aber gerade in diesen Bereichen ein verstärkter Einsatz insbesondere von PHG erwartet werden, wenn es gelingt, geeignete Sensorsysteme und die zugehörigen Steuerungen zu entwickeln.

2.3 Meßglieder in taktilen Sensoren

Zur taktilen Aufnahme von Umwelteinflüssen können die Sensoren mit unterschiedlichen Meßwertgebern ausgestattet sein. <u>Bild 2.3</u> zeigt die gefundene Häufigkeit einer Auswahl von Meßglie-

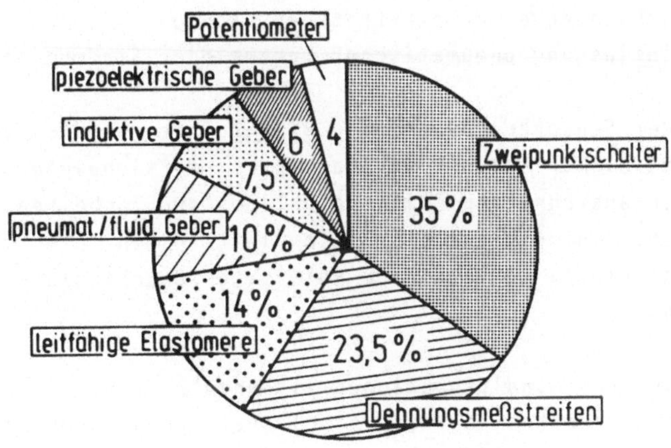

<u>Bild 2.3:</u> Meßglieder in taktilen Sensoren
        (100% ≙ 53 Sensorsysteme)

dern, ohne daß zunächst eine Unterscheidung nach der zu messenden oder zu erfassenden Größe getroffen werden soll. Mit gleichartigen Meßwertgebern können abhängig vom Meßverfahren und von der Art der Auswertung unterschiedliche mechanische Größen aufgenommen werden, beispielsweise mit Dehnungsmeßstreifen (DMS) direkt Kräfte und Momente sowie indirekt Längenmeßwerte über die Verschiebung oder Verformung geeigneter mechanischer Übertragungsglieder.

Andererseits können Geber für eine bestimmte Meßgröße auf einer Vielzahl verschiedener Meßprinzipien beruhen, wie z.B. /55/ mit der Darstellung von Aufbaumöglichkeiten für lineare Wegaufnehmer bis 50 mm Hub zeigt.

2.4 Entstehung und Aufbereitung der Meßsignale

Der Wirkungsmechanismus der in taktilen Sensoren eingesetzten Meßwertgeber läßt sich grob in eine der folgenden Hauptgruppen einordnen:

- Änderung eines elektrischen Widerstandes,
- Betätigung eines Schalters,
- Änderung einer Induktivität,
- Verschiebung einer elektrischen Ladung,
- Beeinflussung pneumatischer Drücke oder Strömungen.

Etwa 40 % der Sensoren nützen, wie **Bild 2.4** zeigt, die Veränderung eines elektrischen Widerstandes zur Meßsignalgewinnung. Neben Sensorausführungen mit Potentiometern arbeiten auch DMS-Sensoren, Sensoren aus elektrisch leitfähigen Elastomeren (Gummi, Kunststoff) sowie einige Halbleiter-Drucksensoren nach diesem Prinzip.

Die Auslösung von Schaltfunktionen ist anzutreffen bei direkt oder über mechanische Übertragungsglieder betätigten Mikroschaltern, ebenso auch bei einigen pneumatisch betätigten Sensoren, die elektrische Kontaktgabe bewirken.

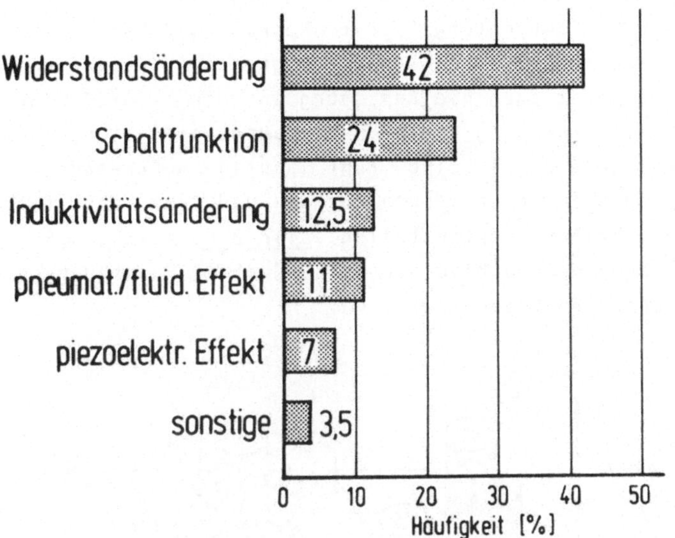

Bild 2.4: Gewinnung der Meßsignale in taktilen Sensoren
(100% ≙ 53 Sensorsysteme)

Der Effekt der Induktivitätsänderung wird auf verschiedene
Weise zur Meßsignalgewinnung eingesetzt, zum einen in Form von
Drosseln, die elektrische Schwingkreise verstimmen, zum anderen über Transformatorenanordnungen, deren Kopplungsverhält-
nisse durch bewegte Eisen- oder Ferritkerne verändert werden.
Das erstgenannte Verfahren findet sich hauptsächlich bei be-
rührungslos arbeitenden Fühlern, wie Näherungssensoren, das
zweite wird bei linearen Wegaufnehmern nach dem Prinzip des
Differentialtransformators (linear variable differential
transformer - LVDT) angetroffen.

Ladungsverschiebende Geber sind z.B. piezoelektrische Elemente
in Kraftaufnehmern. In Verbindung mit nichtelektrischen Steuerungen findet man auch vereinzelt direkt pneumatisch oder
fluidisch arbeitende Sensoren, die Luft als Hilfsenergie modu-
lieren.

Die Gebersignale müssen zur Weiterverarbeitung in einer zu be-
einflussenden Einrichtung in der Regel zunächst aufbereitet
werden. Dazu gehört neben einer geeigneten Auswerte- und Ver-
stärkungseinheit auch die Anpassung an die spezifische Form
der Signalverarbeitung in der Handhabungseinrichtung oder deren Steuerung. Dabei sind fünf häufig auftretende Zusammenhänge zwischen Sensorsignalformen und Art der folgenden
Signalverarbeitung festzustellen. <u>Bild 2.5</u> zeigt, wie diese
Kombinationen den in Bild 2.2 aufgeführten Hauptaufgaben für
taktile Sensoren zugeordnet sind.

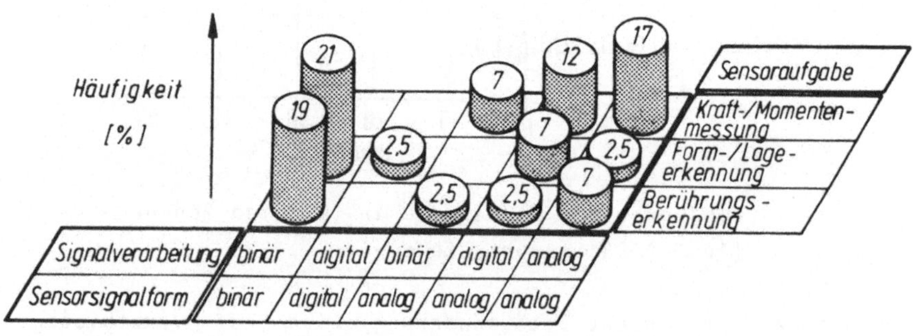

<u>Bild 2.5:</u>   Sensoraufgabe, Signalform und -verarbeitung
(100% ≙ 42 Systeme)

Analoge Gebersignale mit anschließender analoger Weiterverarbeitung treten hauptsächlich bei kraftgesteuerten oder kraft-
geregelten Manipulatoren auf. Die Steuerungen von Handhabungseinrichtungen arbeiten in zunehmendem Maße digital, was eine
Umwandlung der Analogsignale in digitale Darstellung erforderlich macht. Benützt man die gemessenen Signale lediglich zur
Überwachung von Handhabungsvorgängen, so kann die Überschreitung eines Schwellenwertes als binäre Ja-Nein-Entscheidung
weiterverarbeitet werden.

Rein binäre Signalform und Signalverarbeitung taucht überwiegend in Verbindung mit schaltenden Gebern auf. Die Form- oder

Lageerkennung von Objekten, beschränkt auf zwei Dimensionen, hat hierbei große Bedeutung.

Direkt digital messende Geber, die insbesondere im Zusammenhang mit numerisch gesteuerten PHG von Interesse sein können, haben bislang keine breite Anwendung gefunden.

2.5 Funktionen und Realisierungen taktiler Sensoren

Die überwiegende Zahl der untersuchten Sensoren hat in der Handhabungseinrichtung folgende Funktionen:

- Kraft-/Momentenmessung,
- Form-/Lageerkennung,
- Berührungserkennung,
- Schlupf-/Gleiterkennung,
- Näherungserkennung.

Wie aus Bild 2.6 hervorgeht, erfüllen etwa 90 % der taktilen Sensoren die drei erstgenannten Funktionen.

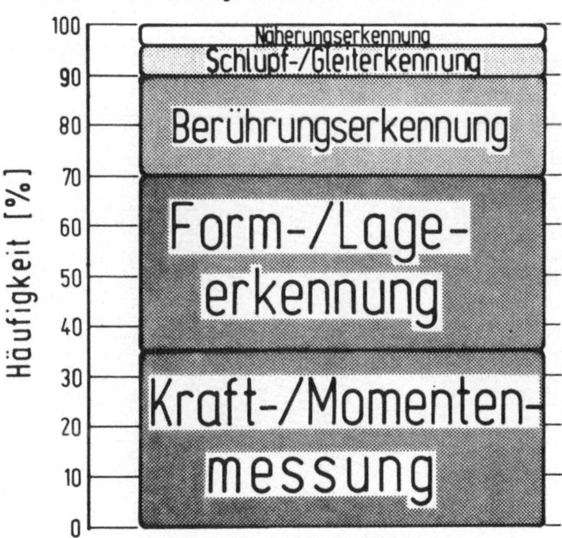

Bild 2.6: Taktile Sensorfunktionen
(100% ≙ 53 Sensorsysteme)

Betrachtet man die technischen Realisierungen der für die aufgeführten Funktionen eingesetzten Sensorelemente, so hat bei
der Kraft- und Momentenmessung die Dehnungsmeßstreifen- (DMS-)
technik die größte Bedeutung (Bild 2.7). Die Vorteile dieser
Ausführung liegen im relativ niedrigen Preis der Bauelemente,
in der robusten Bauart und dem geringen Platzbedarf. Die Funk-
tionsweise taktiler Sensoren auf DMS-Basis beruht immer dar-
auf, geringe Verformungen an bestimmten Stellen der Mechanik
der Handhabungseinrichtung zu messen und daraus auf die wir-
kenden Kräfte und Momente zu schließen. Häufig werden die Meß-
stellen an einem Ort zusammengefaßt und in Form eines Meßele-
ments in den Kraftfluß z. B. eines PHG so eingefügt, daß durch
konstruktive Maßnahmen Kraft- und Momentenkomponenten in mehreren räumlichen Freiheitsgraden weitgehend unabhängig vonein-
ander aufgenommen werden können. In /57/ ist als Beispiel ein
Kraft- und Momentensensor mit sechs Freiheitsgraden dargestellt, wie er für Gußputzaufgaben mit PHG entwickelt wurde.
Weitere Beispiele finden sich in /6,12/.

Sensoren, die auf der Ausnutzung des piezoelektrischen oder
piezoresistiven Effekts basieren, eignen sich für die Er-

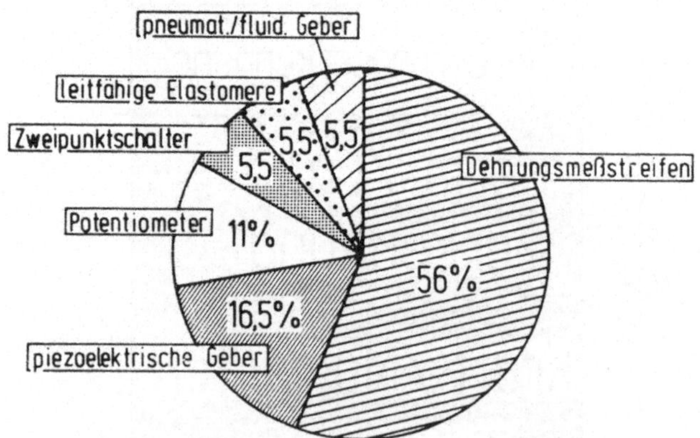

Bild 2.7: Ausführung taktiler Sensoren zur
           Kraft- / Momentenmessung
           (100% ≙ 19 Sensorsysteme)

fassung von Kräften in einem sehr weiten Meßbereich. Hoher
Preis und elektrische Störempfindlichkeit sowie geringe mechanische Überlastbarkeit sprechen meist gegen einen industriellen Einsatz. Interessant ist, daß sich durch die Umkehrung
des piezoelektrischen Effekts in der Biomedizin eine Handha-
bung mikroskopisch kleiner Objekte erzielen läßt /10/.

Zur taktilen Berührungserkennung werden überwiegend einfache
Schalter verwendet (Bild 2.8). Vor allem sind diese Elemente eingesetzt in Greifer- ("Hand"-) flächen von PHG zur
Kontrolle einer erfolgreichen Greifoperation. Elektrisch leit-
fähiges elastisches Material, z. B. Gummi oder Kunststoff findet als sogenannte künstliche Haut ("artificial skin") Anwendung bei der flächenhaften Berührungserkennung.

Für die Form- und Lageerkennung von Objekten werden meist mehrere berührungserkennende taktile Sensoren in zeilen- oder ma-
trixförmiger Anordnung zusammengestellt. Aus der Kombination
einer größeren Anzahl von Berührungssignalen lassen sich in
einer Auswerteeinheit Rückschlüsse z. B. auf die Form eines
gegriffenen Objektes ziehen, was letztlich eine Identifikation
des Teiles bedeutet und damit einen werkstückspezifischen

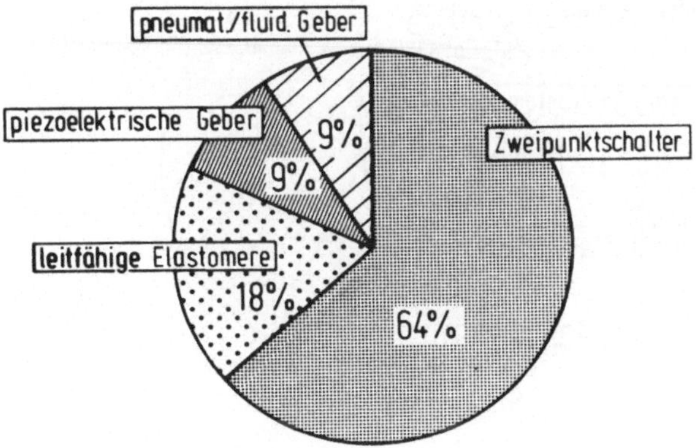

Bild 2.8: Ausführung taktiler Sensoren zur
Berührungserkennung
(100% ≙ 11 Sensorsysteme)

Handhabungsvorgang ermöglicht. Auch hier überwiegt der Einsatz von direkt schaltenden Elementen mit Zweipunktverhalten (<u>Bild 2.9</u>). Andere Meßgeber werden ebenfalls hauptsächlich als Schalter mit rein binärer Signalform verwendet. Ein Beispiel für eine derartige Anwendung von "künstlicher Haut" zur Objektidentifizierung ist in /13/ angegeben.

Die Auswertung der gemessenen Daten in kontinuierlicher Form führt insbesondere bei matrixförmigen Anordnungen zu hohem Datenanfall und wird zeitaufwendig /27/. Die Verarbeitungsalgorithmen nehmen ähnliche Komplexitätsgrade an wie die zur Grauwertverarbeitung bei visuellen Sensorsystemen /58/. Andererseits gestatten gerade taktile Sensoren eine dreidimensionale Werkstückerfassung und -vermessung, die in der erreichbaren Genauigkeit visuellen Systemen deutlich überlegen ist. Einzelne Entwicklungen beschäftigen sich mit eben dieser dreidimensionalen Objektvermessung, die ein wesentliches Merkmal der im Rahmen dieser vorliegenden Arbeit dargestellten Lösung ist.

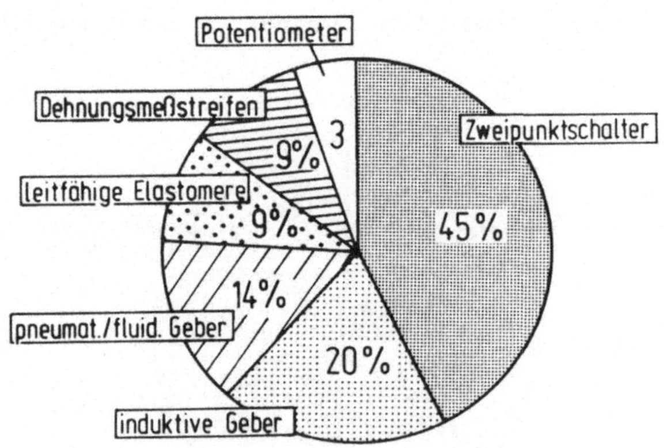

<u>Bild 2.9:</u> Ausführung taktiler Sensoren zur
Form- / Lageerkennung
(100% ≙ 19 Sensorsysteme)

Zusammenfassung

Taktile Sensoren werden bislang in der Mehrzahl für einfache
Handhabungsaufgaben sowie für Montageoperationen eingesetzt.
Dabei überwiegen sehr einfache Meßglieder in der Art von Zwei-
punktschaltern und andererseits Dehnungsmeßstreifen. Diese
beiden Schwerpunkte decken sich im wesentlichen mit den zwei
Aufgabenfeldern der Berührungs- sowie Form-/Lageerkennung von
Objekten und der Messung von Kräften und Momenten bei Handha-
bungs- und Montageoperationen.

Hierbei liegen Vorteile taktiler Sensoren gegenüber z.B. visu-
ell arbeitenden Systemen in einfacher Signalaufbereitung und
Datenverarbeitung bei schaltenden Gebern und in der erreichbaren Genauigkeit messender Sensoren bei der Objektidentifikati-
on. Von vornherein taktil angelegte Aufgaben, wie Kraft- und
Momentenmessung lassen sich mit anderen als taktilen Sensoren
nur schwer oder überhaupt nicht lösen.

Für kompliziertere Bearbeitungsaufgaben mit Hilfe von PHG, wie
sie z.B. in dieser Arbeit vorgestellt werden, müssen in der
Regel messende Sensoren eingesetzt werden, die geometrische
Daten über das zu bearbeitende Werkstück liefern. In einigen
Bereichen, etwa beim Gußputzen, sind daneben auch kraftmessen-
de Sensoren erfolgreich erprobt worden /57/.

Der jeweilige taktile Sensor liefert eine aufgabenspezifische
Datenart, die zu unterschiedlichen Verarbeitungsstrategien in
der Steuerung für eine sensorgeführte Handhabungseinrichtung
führen muß. Datenarten und daraus resultierende Steuerungsver-
fahren sind im folgenden zu untersuchen.

3 Verarbeitung taktiler Sensordaten in der Steuerung

Zur Analyse der Verarbeitungsmöglichkeiten für taktile Sensordaten in Steuerungen von Handhabungseinrichtungen sind zunächst die Daten selbst zu untersuchen. Dabei ist aufzuzeigen,
welche funktionalen Zusammenhänge zwischen den Aufgaben der
sensorgeführten Einrichtungen und den Arten der dabei von Sensoren gelieferten Daten bestehen. Abhängig von den eingesetzten Steuerungstypen müssen Voraussetzungen für Eingriffe in
die Steuerungsabläufe aufgrund der erfaßten Meßdaten abgeleitet werden. Von Interesse sind Ort und Zeitpunkt der Interak-
tion des Sensorsystems mit der Steuerung sowie die in der
Steuerung jeweils ausgelöste Wirkung. Steuerungsstrategien
sind besonders im Hinblick auf den Einsatz für eine konkrete
industrielle Aufgabe mit hohen geometrischen Anforderungen zu
bewerten. Schließlich sind die zur Datenübergabe zwischen Sensorsystemen und Steuerungen erforderlichen Schnittstellen zu
untersuchen.

3.1 Aufgabenspezifische Arten der Sensordaten

Aus der Literatur sind funktionale Zusammenhänge zwischen den
von einer Handhabungseinrichtung ausgeführten Aufgaben und der
Rolle der dabei eingesetzten Sensoren sowie den von ihnen aus-
gehenden Informationen zu entnehmen. Die von taktilen Sensoren
aufgenommenen Daten sind zunächst aufgabenneutral grob klassifizierbar in

- Geometrie-orientierte ("geometrische") Daten,
- Technologie-orientierte ("technologische") Daten und
- Funktions-orientierte ("funktionelle") Daten.

Unter geometrischen Daten sollen solche Informationen verstanden werden, die durch Abtastung von Werkstückoberflächen gewonnen werden und nach entsprechender Verarbeitung eine mindestens teilweise zusammenhängende steuerungsinterne Beschreibung der Geometrie dieser Oberfläche gestatten. Die Abtastwer-

te fallen dabei beispielsweise als Menge dreidimensionaler Längenmeßwerte im kartesischen Raum an.

Demgegenüber sollen Informationen, die - ohne vorrangige Beachtung geometrischer Bedingungen - zur Steuerung oder Beeinflussung vorgegebener Abläufe dienen, als funktionelle oder technologische Daten bezeichnet werden. Eine weitere Untergliederung dieser Datenarten ist darin zu sehen, daß technologische Daten zur Beeinflussung einzelner Größen von Fertigungs- oder Handhabungsprozessen herangezogen werden, indem sie beispielsweise Kraftregelungen ermöglichen, während funktionelle Daten in der Regel den Ablauf des gesamten Prozesses steuern oder modifizieren. Daten letzterer Art sind z.B. einfache Ja-Nein-Kriterien zur Vollständigkeitskontrolle bei der Teilehandhabung oder auch Grenzwertsignale bei Montagevorgängen (Überschreitung der Fügekraft).

Die <u>Bilder 3.1</u> und <u>3.2</u> zeigen Zusammenhänge zwischen Systemaufgaben (Ziel) und jeweiligen Sensoraufgaben für geometrische und technologische Daten schematisch auf. Eine Reihe von Prozeßaufgaben ist demnach mit unterschiedlichen Sensorfunktionen im System und den zugehörigen Datenarten alternativ lösbar.

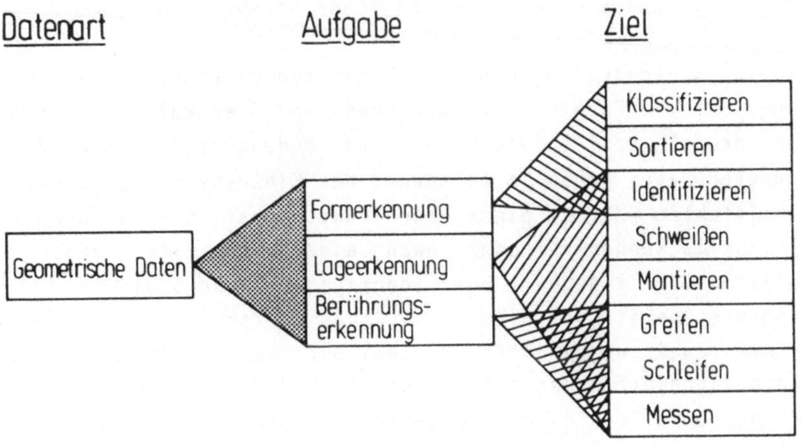

<u>Bild 3.1</u>: Auswertung geometrischer Sensordaten

Ein wichtiges Kriterium zur Kennzeichnung der aufgeführten Datenarten ist der Grad ihrer Prozeßabhängigkeit. Die Meßdaten können mit dem zeitlichen Ablauf einer Handhabungsoperation oder eines Fertigungsvorganges verknüpft oder unabhängig davon sein. Insbesondere die geometrischen Daten sind meist von Werkstückformen abhängig und stehen damit nicht in unmittelbarem zeitlichem Zusammenhang mit dem Prozeßgeschehen, sind also zeitinvariant. Technologische Daten entstehen im Gegensatz dazu z.B. erst durch die und während der eigentlichen Bearbeitung eines Werkstückes.

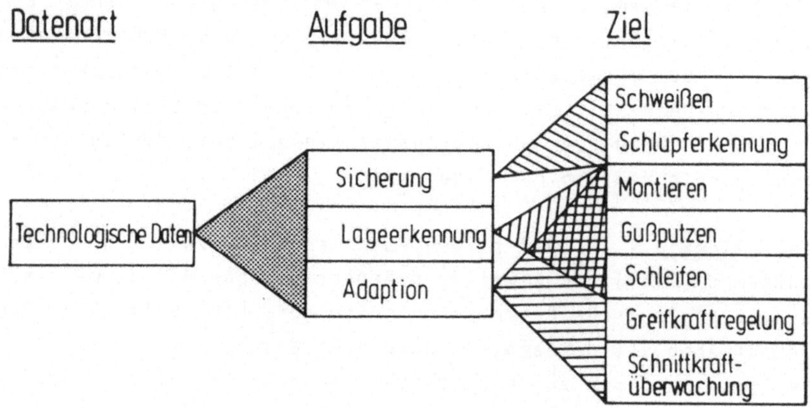

<u>Bild 3.2:</u> Auswertung technologischer Sensordaten

Eine Zwischenstellung nehmen die funktionellen Daten ein, die einerseits in Form von Überwachungs- und Grenzwertsignalen direkt prozeßabhängig sein können, was bedeutet, daß die zugeordneten Daten genau im Zeitpunkt des Eintretens des überwachten Effektes während einer Handhabungsoperation entstehen. Andererseits können vor oder nach einer Operation Teile auf Vollständigkeit geprüft oder identifiziert und damit für eine folgende Operation z.B. eine logische Entscheidung zur Programmverzweigung getroffen werden. Der exakte Zeitpunkt der Sensorsignalerfassung spielt hier für die Entscheidung eine geringere Rolle als beispielsweise die Größe des aufgenommenen Meßwertes.

Die Datenart und damit der Zeitpunkt der Sensorsignalerfassung
legen die Anforderungen an das zeitliche Verhalten der Steuerung fest. Besonders bei Verarbeitung technologischer Sensordaten treten hohe zeitliche Belastungen für die Steuerungen
auf.

Für einige Aufgaben führt daneben auch die Verarbeitung zeit-
unabhängiger geometrischer Werkstückinformationen zum Ziel,
wie am Beispiel des Schleifens in dieser Arbeit gezeigt wird.

3.2 Eingriff in die Steuerung

Die sensorgeführte Steuerung einer Handhabungseinrichtung
setzt voraus, daß die von den taktilen Sensoren aus dem Prozeß
aufgenommenen Meßgrößen zu geeignetem Zeitpunkt und an bestimmter Stelle in den Steuerungsablauf einbezogen werden können. Der Steuerungsablauf selbst kann dabei entweder zunächst
in sensorunabhängiger Form vorgegeben sein und erst anschließend modifiziert werden, oder er wird durch Auswertung der
Sensordaten überhaupt erzeugt. Die Art der Sensorführung einer
Steueroperation hängt unter anderem von der technischen Ausführung der Steuerung selbst sowie von charakteristischen Eigenschaften des zugrundeliegenden Prozesses ab. Dabei bestehen
bestimmte Wechselwirkungen und gegenseitige Abhängigkeiten,
die die Auswahl geeigneter Steuerstrategien beeinflussen.

3.2.1 Steuerungsarten

Die Steuerungen für Handhabungseinrichtung lassen sich nach
der Art ihrer internen Informationsdarstellung gemäß DIN 19237
/59/ einteilen in

- analoge Steuerungen,
- binäre Steuerungen und
- digitale Steuerungen.

Rein analoge Steuerungen finden sich bei Telemanipulatoren in der Art von Kraftverstärkern, die von einem menschlichen Operator bedient werden. Bedienungsperson und Handhabungseinrichtung bilden dabei als "Master-Slave- System" einen geschlossenen Regelkreis.

Mit binären Steuerungen arbeiten z.B. einfache Zubringeeinrichtungen für die Beschickung von Werkzeugmaschinen. Realisierungen dieser Steuerungsarten sind Ablaufsteuerungen über Endschalter, Nockentrommeln oder mit elektrisch gespeicherten Arbeitsprogrammen (speicherprogrammierbare Steuerungen).

In die dritte Gruppe mit digitalen Steuerungen für Handhabungseinrichtungen sind insbesondere die numerisch gesteuerten programmierbaren Handhabungsgeräte (PHG) oder Industrieroboter einzureihen. Als numerische Steuerungen kommen verbindungsprogrammierte numerische Steuerungen (NC - Numerical Control) oder heute vorwiegend speicherprogrammierte numerische Steuerungen mit Prozeßrechner (CNC - Computer Numerical Control) in Betracht.

3.2.2 Steuerungstechnische Wirkung

Je nach Art der zugrundegelegten Steuerung sind verschiedene Wirkungsorte und -mechanismen bei der Auswertung und Verarbeitung taktiler Sensordaten anzutreffen.

Analoge Steuerungen versorgen in der Regel einen oder mehrere Lageregelkreise für die Positionierung eines Werkzeuges oder Greifers, wobei die Lagesollgrößen z.B. von einer Bedienungsperson vorgegeben werden. Taktile Sensoren nehmen Bedienkräfte auf und führen nach entsprechender Verstärkung den Achsantrieben Stellsignale zu (Bild 3.3). Die Sensorsignale wirken also direkt auf die Sollwerteingänge der Regelkreise, die Reglerfunktion übernimmt die Bedienungsperson. Kraftgesteuerte Manipulatoren, wie das System "Syntelmann" /4/ arbeiten nach diesem Verfahren, wobei noch automatische Kraftregelungen, etwa

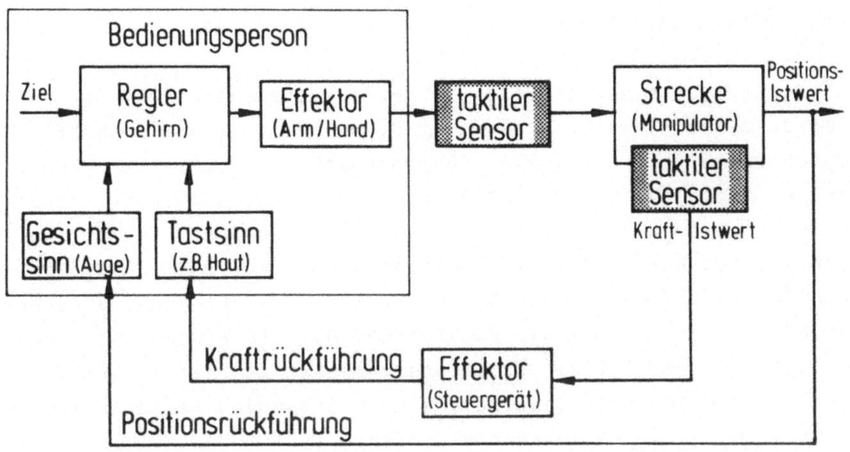

Bild 3.3:   Taktile Sensoren in Master-Slave-
Manipulator-Systemen

zur Greifkraftbegrenzung oder allgemein Kraftrückführungen,
unterlagert sein können. Die von den Fühlern aufgenommenen
Sollwerte werden dabei in analoger Form erfaßt und direkt analog weiterverarbeitet. Hierzu sind entsprechende Sensoren am
Manipulator selbst angebracht.

Für automatisierte Handhabungs- und Bearbeitungseinrichtungen
kommen wegen der fehlenden Programmierbarkeit solche analogen
sensorgeführten Steuerungen nicht in Betracht.

Im Gegensatz zu analog arbeitenden Systemen werden bei binären
und insbesondere bei digitalen Steuerungen die aufgenommenen
Sensorsignale steuerungsintern teilweise rechnerisch weiterverarbeitet. Erst das Ergebnis einer solchen Sensordatenverarbeitung wirkt sich, gegebenenfalls nach Umwandlung in andere
Darstellungen (analog/digital, digital/analog), auf die gesteuerte Handhabungseinrichtung aus. Dabei sind direkte Ein-
flußmechanismen, wie Eingriffe in die Lageregelkreise gesteuerter Geräte zur Erzielung von Korrekturbewegungen in einzelnen Achsen genauso anzutreffen wie indirektes Einwirken über

eine Beeinflussung der Führungsgrößenerzeugung für einzelne
oder miteinander koordiniert angesteuerte Achsen.

Strukturen, wie die in <u>Bild 3.4</u> gezeigte, eignen sich vor allem dort, wo einzelne Größen, (z.B. Greif- oder Schleifkräfte)
durch Zustellung spezieller Bewegungsachsen geregelt werden
sollen, wobei die Hauptbewegung der Handhabungseinrichtung
grob vorgegeben ist. Läßt sich die zu regelnde Größe aus-
schließlich durch <u>eine</u> dem Sensoreingang zugeordnete Achse beeinflussen und besteht Unabhängigkeit von der Bewegung anderer
Geräteachsen, so kann die Rückführung der verarbeiteten Sensordaten direkt auf die Funktionsgruppen zur Lageeinstellung
erfolgen (Pfad "A"). Innerhalb einer Steuerung sind mehrere
Achsen von je einem zugeordneten Sensorsystem beeinflußbar.

Führt man die verarbeiteten Sensorsignale dagegen dem Block
Führungsgrößenerzeugung zu (Pfad "B"), so kann jetzt ein <u>ein-
zelnes</u> Sensorsignal auf <u>mehrere</u> von der Führungsgrößenerzeugung versorgte Achsen gleichzeitig wirken. Es sind damit also
beispielsweise Kraftregelungen möglich, zu deren Realisierung
die koordinierte Bewegung mehrerer Achsen gleichzeitig, gege-

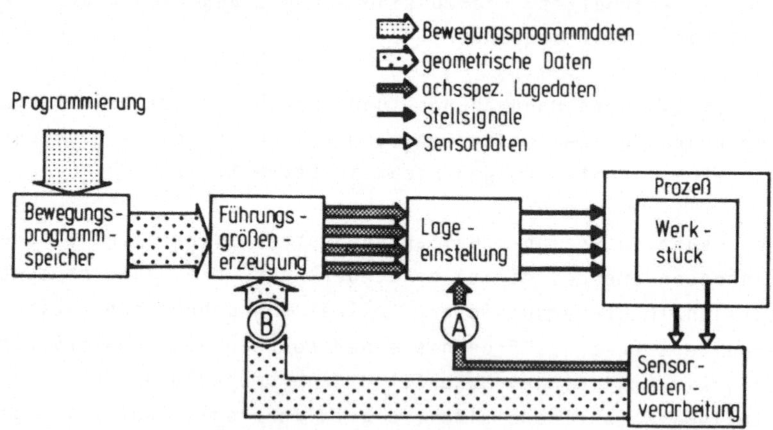

<u>Bild 3.4:</u> Verarbeitung taktiler Sensordaten in
digitalen Steuerungen

benenfalls abhängig von der gegenwärtigen Position der Handhabungseinrichtung, erforderlich ist. Auch in diesem Fall ist eine grobe Bewegungsbahn für die Handhabungseinrichtung vorzugeben. Bezüglich dieser Bewegungsbahn werden aus den Sensorsignalen mit Hilfe von Transformationsgleichungen, die die Kinematik der Handhabungseinrichtung beschreiben, Bewegungskorrekturen ermittelt, z.B. in Vorschubrichtung oder normal zur Vorschubrichtung.

Bei numerisch gesteuerten PHG bietet sich darüber hinaus noch eine weitere Eingriffsmöglichkeit für die Sensorführung an, wie sie in <u>Bild 3.5</u> angedeutet ist. Hierbei generiert eine der eigentlichen Steuerung vorgeschaltete Einrichtung Bewegungsprogramme für die nachfolgende Führungsgrößenerzeugung in der Steuerung, die von dieser zusammen mit der Lageregelung in aktuelle Bewegungen des PHG umgesetzt werden. Diese Einrichtung kann ein in eine CNC integrierter Softwarebaustein oder auch ein separater vorgeschalteter Prozessor sein. Je nach dem Echtzeitverhalten der Sensordatenverarbeitung sowie der Art und Komplexität der zu verarbeitenden Signale sind mit der gezeigten Struktur Regelungen im Sinne von AC (Adaptive Control, /57/) oder sensorgeführte gesteuerte Systeme /54/ realisierbar.

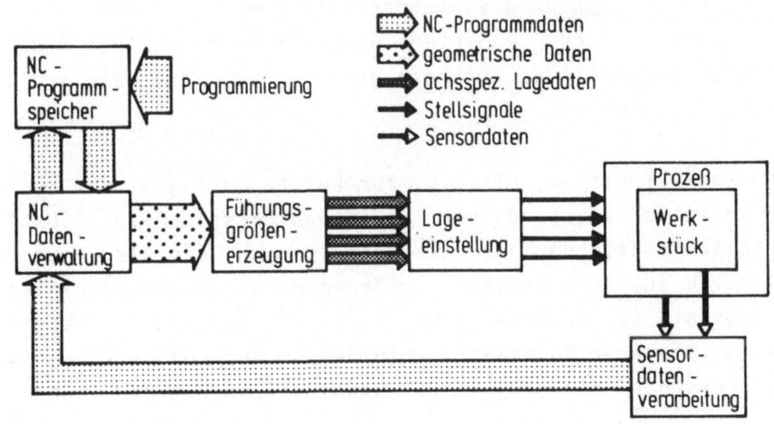

<u>Bild 3.5:</u> Verarbeitung taktiler Sensordaten in NC-Systemen

3.3 Schnittstellen zwischen Sensorsystem und Steuerung

Ein möglichst universeller Einsatz taktiler und anderer Sensoren zur Steuerung von Handhabungseinrichtungen wirft die Frage nach klaren Schnittstellen zwischen Sensorsystemen und Steuerungen auf. Bislang vermißt man gerade bei taktilen Sensoren noch entsprechende Vereinbarungen, während beispielsweise bei visuellen Systemen schon modularisierte Einrichtungen kommerziell verfügbar sind /3/. In vielen untersuchten Fällen ist bei taktilen Sensoren keine eindeutige Trennung zu erkennen, da die Aufnehmer und die nachgeschaltete Sensordatenverarbeitung quasi als integraler Bestandteil der Steuerung verstanden werden. Dies trifft vor allem bei Manipulatoren mit Steuerungsstrukturen nach Bild 3.3 zu. Hier muß sich eine Normierung zumeist auf die Festlegung einheitlicher Signalformen und Schnittstellenpegel beschränken.

Für eine gewünschte Standardisierung bieten sich hardwareseitig generell die Stellen an, wo Signale geringer Komplexität auszutauschen sind, also unmittelbar nach dem in Bild 2.1 gezeigten eigentlichen Sensor. Die Datenschnittstelle kann bei einfachen taktilen Sensoren ebenfalls günstig auf dieser Ebene angesiedelt werden, wenn z.B. von der Steuerung rein binäre Entscheidungen mit Hilfe der Sensoren zu treffen sind. Nachteilig wirkt sich an dieser Schnittstelle gegebenenfalls ein hoher Datenfluß bei erhöhten Anforderungen an die Reaktionsgeschwindigkeit der Steuerung oder die Verarbeitungstiefe der Sensordaten aus.

Komplexere Sensoren, die z.B. zur Werkzeugbahngenerierung herangezogen werden, sind daher zweckmäßigerweise so "intelligent" gestaltet, daß sie die anfallenden Einzelsignale mit Hilfe von zum Sensorsystem gehörenden Verarbeitungseinheiten bereits bis zu vollständigen Koordinatensätzen aufbereiten, die entsprechend formatiert an eine nachgeschaltete einfache Steuerung der Handhabungseinrichtung weitergegeben werden.

Je nach den Anforderungen an die Übertragungsgeschwindigkeit werden solche Koordinatensätze über digitale Parallelschnittstellen zwischen Sensorsystem und Steuerung ausgetauscht oder zu NC-Datensätzen gepackt über serielle zeichenweise Übertragung an eine konventionelle PHG-Steuerung übermittelt. Die Standardisierung einer Schnittstelle der letztgenannten Art kann auf bestehende Normen oder Richtlinien aufbauen (DIN 66025 /60/ oder VDI 2864 /61/). Ein Beispiel für die programmtechnische Realisierung einer solchen Schnittstelle wird im Rahmen der vorliegenden Arbeit gezeigt.

Zusammenfassung

Grundsätzlich eignen sich für automatisierte werkstückbearbeitende Handhabungseinrichtungen in Verbindung mit taktilen Sensoren binäre und digitale Steuerungen. Besonders letztere bieten in Form von numerischen Steuerungen, meist als Rechnersteuerungen (CNC) ausgeführt, ein hohes Maß an Anpassungsfähigkeit an individuelle Werkstücke und Werkstücktoleranzen. Je nach Ausführung und Anbringung der Sensoren muß an verschiedenen Stellen in den automatischen Steuerungsablauf eingegriffen werden. Gutes Zeitverhalten der gesteuerten Einrichtung in Kombination mit komplexen Sensordaten führt zu hohen Belastungen für die Steuerung. Hier bietet sich bei geometrischer Orientierung der Sensorführung zusammen mit einer numerischer PHG-Steuerung ein Verfahren an, das bei ausreichender geometrischer Genauigkeit die zeitliche Belastung der Steuerung reduziert und zusätzlich durch die Erzeugung normierter NC-Daten eine klar definierte einfache Schnittstelle zwischen Sensorsystem und Steuerung liefert. Die folgenden Kapitel zeigen den Entwurf eines derartigen Systems zur Verarbeitung taktiler Sensordaten auf.

4 Konzepte für PHG-Steuerungen mit geometrischer Sensordatenverarbeitung

Ausgehend von den Anforderungen eines industriellen Anwendungsfalles werden in den folgenden Abschnitten Konzepte für die Realisierung einer sensorgeführten Steuerung eines PHG erarbeitet. Dabei ist zunächst das Fertigungsproblem vorzustellen, das mit Hilfe des PHG zu automatisieren ist. Daraus werden Anforderungen an die Steuerung und Sensorführung abgeleitet. Einige problemorientierte Ansätze zur Verarbeitung der von taktilen Sensoren aufgenommenen Daten sollen erörtert und daraus schließlich ein spezielles Verfahren entwickelt werden, das aufgrund seiner Auslegung auf ähnliche Problemstellungen übertragbar ist.

4.1 Aufgabenbeschreibung

4.1.1 Fertigungsaufgabe

In der industriellen Fertigungstechnik weisen Werkstücke herstellungsbedingt häufig Oberflächenfehler auf, die maschinell zu beseitigen sind. Solche Fehler sind z.B. Grate an Gußteilen oder Schweißnähte an verbundenen Blechteilen. Die Beseitigung dieser Oberflächenstörungen geschieht in der Regel mit spanabhebenden Verfahren, also z.B. durch Schleifen oder Fräsen.

Dabei ist zu unterscheiden zwischen solchen Störungen, die aus funktionellen Gründen unerwünscht sind (Grate) und solchen, die aufgrund ästhetischer Anforderungen beseitigt werden sollen. Beispiele für den letztgenannten Fall finden sich in der Automobilindustrie in Form von Karosserieschweißnähten. Liegen solche Nähte unverdeckbar im sichtbaren Bereich, so sind sie derartig mit der umgebenden Blechhaut zu verschleifen, daß der Eindruck einer durchgehenden Fläche ohne Absätze entsteht. Bild 4.1 zeigt ein typisches Beispiel aus dem Dachbereich einer Karosserie.

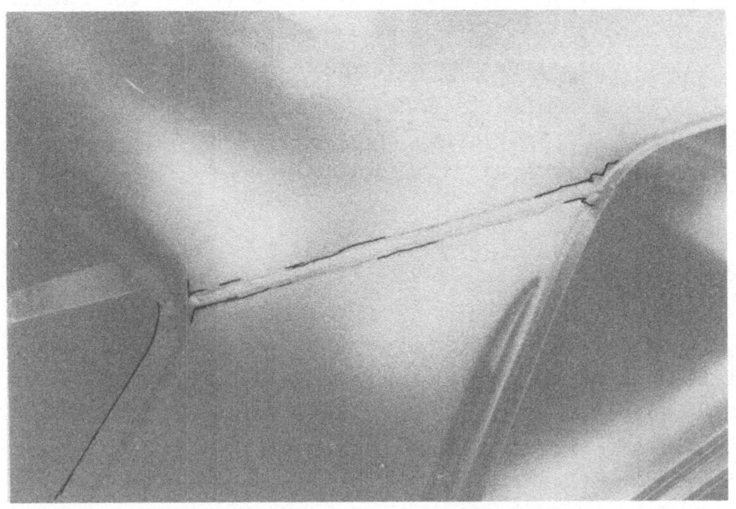

<u>Bild 4.1:</u> Karosserieblech mit Dachschweißnaht

Automobilkarosserien sind dabei vorwiegend nach ästhetischen Gesichtspunkten entworfen und lassen sich meist in ihrer Oberfläche mathematisch nicht einfach beschreiben. Die Fertigungstoleranzen in der Verarbeitung dünner Bleche (Ziehen, Stanzen, Schweißen) liegen in der Größenordnung der Blechstärken (ca. 1 mm) und erfordern daher von einer Einrichtung zur automatisierten Oberflächenbearbeitung eine hohe Anpassungsfähigkeit, um Werkstückbeschädigungen zu vermeiden.

Zur Bearbeitung gekrümmter Oberflächen sind, wie aus der Literatur /62/ bekannt, bei rotationssymmetrischem Werkzeug mindestens fünf Freiheitsgrade der Bearbeitungseinheit erforderlich. Seit längerer Zeit wird die Technologie des Fräsens mit fünfachsigen numerisch gesteuerten Werkzeugmaschinen erforscht und entwickelt. Derartige Fräsmaschinen sind für hohe absolute Werkstückgenauigkeiten und relativ niedrige Vorschubgeschwindigkeiten konzipiert und aufwendig in maschineller Ausstattung, Programmierung und Betrieb.

Beim Schleifen von Blechoberflächen bestehen wegen der meist eingesetzten nachgiebigen Werkzeuge geringere Anforderungen an die Führungsgenauigkeit der Werkzeugmaschine in Verbindung mit höheren Vorschubgeschwindigkeiten. Numerisch gesteuerte PHG weisen häufig die erforderliche Zahl an Freiheitsgraden auf und sind relativ einfach programmierbar.

4.1.2 Steuerungsaufgabe

Will man ein mehrachsiges PHG zur Lösung der genannten Karosserieschleifaufgaben einsetzen, so muß die zugehörige Steuerung in der Lage sein, sich an Werkstücktoleranzen selbsttätig anzupassen und sie auszugleichen. Gleichzeitig soll sie die Bahnprogrammierung für das PHG für eine individuelle Aufgabe vereinfachen, um eine schnelle Umrüstung der Fertigungseinrichtung direkt am Einsatzort ohne Zugriff auf ein NC-Programmiersystem in einem Rechenzentrum durchführen zu können.

Beiden Zwecken dient im hier untersuchten Fall der Einsatz taktiler Sensoren in Form von geometrischen Tastfühlern an der Hand eines PHG, deren Meßwerte in der Steuerung mit Hilfe von Programmen zur geometrischen Datenverarbeitung zu einer Oberflächenbeschreibung verknüpft werden, aus der sich Bahnstützpunkte zur Bewegungserzeugung ableiten lassen.

4.2 Problemorientierte Verfahren zur Sensordatenverarbeitung

Die sensorunterstützte Führung einer Maschine zur Oberflächenbearbeitung setzt die Kenntnis der aktuellen Werkstückgeometrie sowie eine geeignete rechnerinterne Flächenbeschreibung, oder allgemein ein rechnerinternes Werkstückmodell /64/ voraus.

Aus diesem Werkstückmodell müssen einzelne Sollbahnen abgeleitet werden, auf denen ein Bearbeitungswerkzeug zu führen ist.
Die Bahnaktualisierung kann dabei auf unterschiedliche Weise
erfolgen, wie das folgende Bild 4.2 zeigt. Dabei wird hier
stets ein PHG mit interpolierender Bahnsteuerung und konstanter Bahngeschwindigkeit vorausgesetzt. Ein ausgezeichneter
Punkt am PHG oder dem von ihm geführten Werkzeug ist dazu auf
einer definierten Bahn so zu bewegen, daß in gleichen Zeitab-
schnitten gleiche Wege zurückgelegt werden. Als Bahnen kommen
vor allem Raumgeraden, Kreisbögen oder Parabelabschnitte in
Betracht /66/.

Die in Bild 4.2 vorgenommene grobe Einteilung ist gekennzeichnet durch wesentliche Unterschiede in den jeweiligen Echtzeitanforderungen an die Steuerung. Weitere Merkmale und Ein-
satzvoraussetzungen für die einzelnen Strategien müssen im
folgenden analysiert werden.

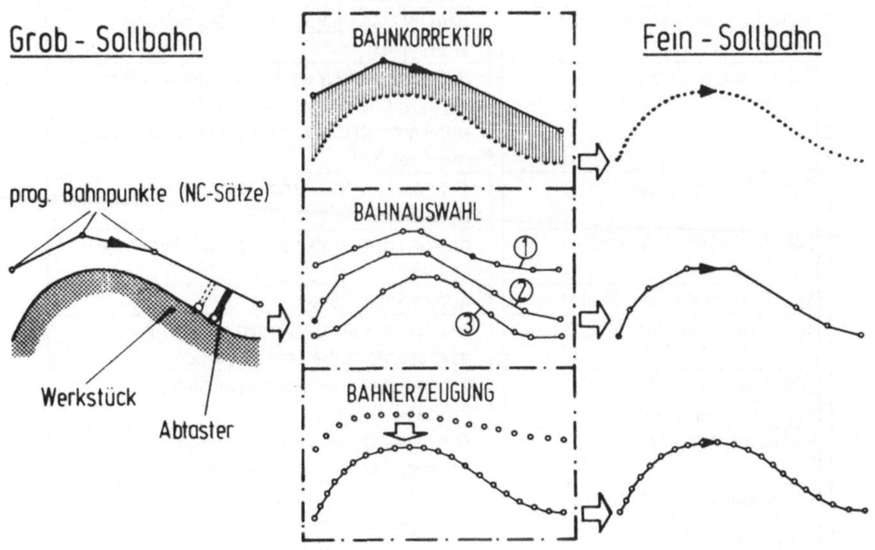

Bild 4.2: Verarbeitungsmöglichkeiten für geometrische Sensordaten (①, ②, ③ : programmierte Bahnkurven)

4.2.1 <u>Bahnkorrektur</u>

Ein direkter Eingriff in die Regelkreise des lageregelten PHG zur Korrektur von Bahnabweichungen oder zur Anpassung an eine bestimmte Werkstückgeometrie ist nur dann möglich, wenn während der Bewegung Sensormeßwerte entstehen, die repräsentativ sind für die auszuregelnden Abweichungen, z.B. am Ort einer Bearbeitung. Mehrkoordinaten-Kraftaufnehmer als taktile Sensoren, wie sie in /5,6/ beschrieben sind, liefern entsprechende Meßwerte. Einige Merkmale bahnkorrigierender Verfahren faßt <u>Bild 4.3</u> zusammen.

Wirkungsort/Wirkungszeitpunkt	im Lageregelkreis während der Bearbeitung
Anpassung an Werkstücktoleranzen	Ausregeln von Bahnabweichungen auf vorgegebener Grob-Sollbahn
Voraussetzungen	eine Grob-Sollbahn für einen Werkstücktyp, Polygonzug mit wenigen Stützpunkten ausreichend
Einrichtaufwand	niedrig, evtl. nur Startpunkt und Zielrichtung anzugeben
Trennung Meß-/Bearbeitungslauf	nein, Messen während der Bearbeitung erforderlich
Sensordatenverarbeitung	Meßwerte werden als Störgrößen im Lageregelkreis behandelt; unkompliziert, falls keine geometrische Transformation der Meßdaten benötigt
Echtzeitanforderungen	sehr hoch, wenn kurze Abtastzeiten erwünscht sind
Speicherbedarf für Bahndaten	niedrig, nur wenige Bahnpunkte für Grob-Sollbahn
Speicherung der Fein-Sollbahnen	nur in Sonderfällen
automatische Konturverfolgung	möglich, bei mehrachsigen Geräten evtl. über geometrische Transformation
Einflußfaktoren auf Bearbeitungsqualität	Schnelligkeit und Schwingverhalten der Regelalgorithmen
Einsatzmöglichkeiten	Entgraten, Bahnschweißen mit Nahtverfolgung, automatische Programmierung
Integrationsaufwand in Steuerungen	hoch, Eingriff in Lageregelung und Führungsgrößenerzeugung
Flexibilität	hoch, schnell auf andere Werkstücke umrüstbar

<u>Bild 4.3:</u> Sensordatenverarbeitung zur Bahnkorrektur

Bahnkorrigierende Verfahren der Sensordatenverarbeitung sind immer auch dann vorteilhaft einsetzbar, wenn z.B. eine automatische Konturverfolgung gewünscht wird. Das PHG wird dann so geführt, daß die taktilen Fühler stets auf einem konstanten Auslenkungswert gehalten werden. Die dabei durchlaufene Bahn kann zu vorgegebenen Zeitpunkten in diskreten Koordinaten erfaßt und abgespeichert werden. Sie steht damit für folgende Bewegungsläufe als Steuerprogramm zur Verfügung. Solche bahnkorrigierenden Verfahren mit Bahnspeicherung sind auch den in 4.2.3 beschriebenen Bahnerzeugungsverfahren zuzuordnen /14/.

4.2.2 Bahnauswahl

Werden komplexere geometrische Kriterien für Bahnkorrekturen herangezogen, etwa die mathematische Glätte einer Oberfläche, das heißt, die Knick- und Absatzfreiheit in einem bestimmten Bereich, so sind dazu erforderliche Größen in der Regel nicht mehr unmittelbar während einer Bearbeitung am Ort der Bearbeitung selbst taktil erfaßbar. Vielmehr ist zu unterscheiden in Meß- und Bearbeitungsläufe, wobei aus den Meßdaten werkstückspezifische Bahndaten für die daran anschließenden Bewegungsläufe erzeugt oder ausgewählt werden. Wesentliche Eigenheiten einer solchen sensorgestützten Bahnauswahl zeigt Bild 4.4. In der Verarbeitungsstrategie bestehen Ähnlichkeiten mit mustererkennenden visuellen Sensorsystemen, die durch Untersuchung einiger charakteristischer Merkmale ("feature extraction") die Zugehörigkeit eines Objektes zu einer Objektklasse feststellen.

4.2.3 Bahnerzeugung

Steht in der Steuerung des PHG, etwa in einer CNC, freie Rechenkapazität zur Verfügung oder können zusätzliche Prozessoren eingesetzt werden, so lassen sich die erfaßten Sensordaten während oder nach Beendigung eines Meßlaufes zu einer mathema-

Wirkungsort/Wirkungszeitpunkt	außerhalb des Lageregelkreises
Anpassung an Werkstücktoleranzen	Auswahl einer aktuellen aus der Vielzahl programmierter Fein-Sollbahnen
Voraussetzungen	Klasseneinteilung der Werkstücke, Programmierung aller erforderlichen Fein-Sollbahnen
Einrichtaufwand	sehr hoch, Erstellung einer Vielzahl kompletter Bewegungsprogramme
Trennung Meß-/Bearbeitungslauf	ja
Sensordatenverarbeitung	Erkennung der Werkstückklasse durch Auswertung charakteristischer Merkmale ("feature extraction"). Aufwand je nach Unterscheidbarkeit der Klassen
Echtzeitanforderungen	niedrig, da Auswertung zeitunkritisch
Speicherbedarf für Bahndaten	sehr hoch
Speicherung der Fein-Sollbahnen	Fein-Sollbahnen bereits vor dem Meßlauf vorliegend
automatische Konturverfolgung	nicht möglich
Einflußfaktoren auf Bearbeitungsqualität	Zahl ausgewerteter Merkmale, Stufung der Klasseneinteilung, Punktzahl der Fein-Sollbahnen
Einsatzmöglichkeiten	Oberflächenschleifen, Bahnschweißen
Integrationsaufwand in Steuerungen	gering, nur zusätzliche Auswahlprogramme und Synchronisation
Flexibilität	gering, sehr hoher Umrüstaufwand, Neuprogrammierung der Fein-Sollbahnen

<u>Bild 4.4:</u>   Sensordatenverarbeitung zur Bahnauswahl

tischen Beschreibung der Werkstückgeometrie und insbesondere ihrer Oberfläche verarbeiten /7,14/. Aus der jeweils aufgebauten aktuellen Flächendarstellung werden daran anschließend Werkzeugbewegungsbahnen abgeleitet (<u>Bild 4.5</u>). Durch Interpolation auf der dargestellten Fläche lassen sich im Gegensatz zu dem vorgenannten Auswahlverfahren prinzipiell beliebig viele Bewegungsbahnen aus einer einzigen Flächenbeschreibung gewinnen und für nachfolgende Bearbeitungsläufe am selben Werkstück bereitstellen.

Wirkungsort/Wirkungszeitpunkt	außerhalb des Lageregelkreises
Anpassung an Werkstücktoleranzen	Erzeugung einer Werkstückbeschreibung, Berechnung aktueller Fein-Sollbahnen
Voraussetzungen	eine Grob-Sollbahn für einen Werkstücktyp, Polygonzug mit wenigen Stützpunkten ausreichend
Einrichtaufwand	mittel, Steuerprogramm für Meßbahn und Sensordaten verarbeitungsablauf
Trennung Meß-/Bearbeitungslauf	ja
Sensordatenverarbeitung	Numerische Flächenbeschreibung aus Meßpunkten, Auswahl diskreter Bahnstützpunkte für individuelle Fein-Sollbahnen
Echtzeitanforderungen	hoch, falls Bahnerzeugung parallel zum Meßlauf erfolgt
Speicherbedarf für Bahndaten	mittel, nur Flächenbeschreibung für ein Werkstück (diskrete Flächencharakteristik)
Speicherung der Fein-Sollbahnen	ja, in Form der Flächenbeschreibung, aus der gewünschte Fein-Sollbahnen abgeleitet werden können
automatische Konturverfolgung	durch Kombination mit Bahnkorrektur möglich
Einflußfaktoren auf Bearbeitungsqualität	Genauigkeit der Flächenbeschreibung, Meßpunktdichte
Einsatzmöglichkeiten	Oberflächenschleifen, Bahnschweißen, automatische Bahnprogrammierung
Integrationsaufwand in Steuerungen	mittel , kleine Eingriffe in Ablaufsteuerung erforderlich, sonst weitgehend selbständige Programme,
Flexibilität	hoch, schnell umrüstbar

Bild 4.5: Sensordatenverarbeitung zur Bahnerzeugung

Zusammenfassung

Zur Anpassung der Bahnbewegung eines PHG an ein zu bearbeitendes Werkstück gibt es mehrere konkurrierende Verfahren. Die diskutierten Möglichkeiten Bahnkorrektur - Bahnauswahl - Bahnerzeugung zeichnen sich durch eine abnehmende zeitliche Belastung der Steuerung und eine zunehmende geometrische Komplexität aus. Während im ersten Falle eine Bindung der resultierenden Bewegung an vorgegebene Bahnen besteht, liefert insbesondere das letztgenannte Verfahren mit Hilfe der von ihm aufgebauten steuerungsinternen Werkstückbeschreibung Aussagen über den Bereich der programmierten Bahnbewegung hinaus. Dies gestattet die Vorgabe geometrischer Nebenbedingungen für die Bahngenerierung und erfüllt die hohen ästhetischen und geometrischen Anforderungen der unter 4.1.1 beschriebenen Fertigungsaufgabe besser als die ersten beiden Verfahren.

4.3 Hauptfunktionsgruppen eines bahnerzeugenden Sensordatenverarbeitungssystems

Das Programmsystem zur Verarbeitung geometrischer Meßdaten, die von taktilen Sensoren geliefert werden, ist in zwei Funktionsgruppen gliederbar:

- Erzeugung eines rechnerinternen Werkstückmodells mit
  der darin enthaltenen numerischen Flächenbeschreibung,

- Berechnung ausgewählter Werkzeug-Bewegungsbahnen
  auf der beschriebenen Oberfläche.

Wegen der Verwandtschaft des vorliegenden Schleifproblems an einer gekrümmten Oberfläche zum fünfachsigen numerisch gesteuerten Fräsen bietet sich die Betrachtung der dort eingesetzten Programmierverfahren für die Erzeugung der Bewegungsprogramme an. In der Tat weisen Programmiersysteme für das fünfachsige NC-Fräsen gekrümmter Flächen, wie aus der Literatur bekannt /63/, eine entsprechende Strukturierung auf. Die dort realisierten Verfahren zur Beschreibung und numerischen Darstellung gekrümmter Flächen sowie zur Bahnerzeugung sind im allgemeinen als Bausteine in umfangreichere Programmiersysteme eingebaut. Als Beispiel sei das System INCSS5 /64/ angeführt, dessen Struktur in Bild 4.6 dargestellt ist und das sich durch eine klare Funktionstrennung in einzelne Moduln auszeichnet.

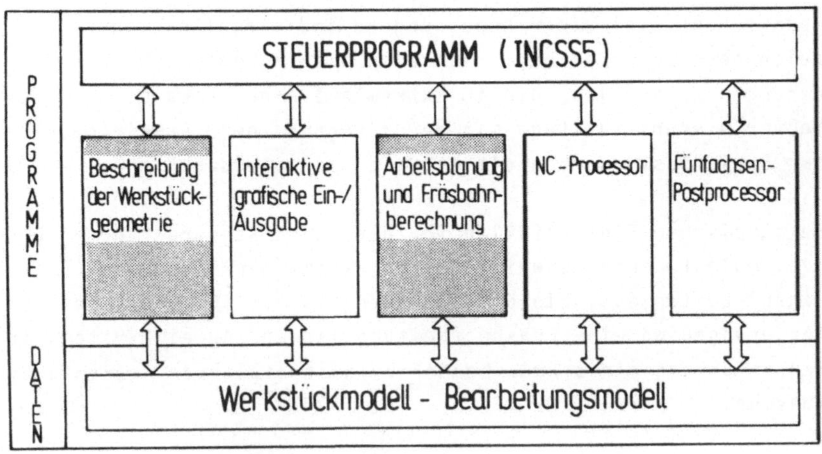

<u>Bild 4.6:</u> Modulares NC-Programmiersystem INCSS5 /64/
für Werkstücke mit gekrümmten Flächen

4.4 Merkmale von Programmbausteinen zur geometrischen Datenverarbeitung

Wesentliche Merkmale von Geometriebausteinen in den NC-Programmiersystemen für gekrümmte Werkstückoberflächen sind:

- Auslegung für Stapelverarbeitung (Batch-Betrieb) oder
  interaktiven Betrieb auf Großrechnern oder Anlagen
  der mittleren Datentechnik,
- großer Arbeits- und Externspeicheraufwand,
- hohe geometrische Genauigkeit,
- Betrieb der Systeme zeitlich gelöst vom eigentlichen
  Fertigungsprozeß, das heißt, in der Phase der
  Arbeitsvorbereitung.

Die Funktionen der im Bild 4.6 gekennzeichneten Bausteine müssen dagegen im Rahmen eines Programmsystems zur Verarbeitung der Sensordaten unmittelbar in zeitlichem Zusammenhang mit der

Teilebearbeitung ausführbar sein, um das in Abschnitt 4.1 angesprochene Ziel einer Anpassung an individuelle Werkstückabweichungen zu erreichen. Hier sind also höhere Echtzeitanforderungen zu stellen, die im Extremfall eine Verarbeitung der Meßwerte schritthaltend mit der Bewegung der Arbeitsmaschine zur Beeinflussung eben dieser Bewegung zulassen.

Bei typischen Einsatzfällen für derartig sensorgeführte PHG, wie Schleif- oder Schweißarbeiten, kommt man mit geometrischen Genauigkeiten aus, die um den Faktor 10 ... 100 unter den Anforderungen an eine Fräsbearbeitung liegen. An ein System zur Sensorführung eines PHG bestehen also folgende wesentliche Wünsche:

- Echtzeitbetrieb oder unmittelbare zeitliche Abfolge
  von Sensordatenverarbeitung und Bewegungsausführung,
- Programmbetrieb auf Kleinrechnern, im Sonderfall
  innerhalb der vorhandenen Steuerung des PHG,
- kleiner Speicherplatzbedarf (max. ca. 64 kByte)
  ohne Erfordernis von Externspeichern.

Zusammenfassung

Ein Verfahren zur Generierung von werkstückspezifischen PHG-Bahndaten aus sensorisch erfaßten Meßpunkten kann sich an Methoden zur NC-Programmierung für die fünfachsige Fräsbearbeitung orientieren. Einschränkende Randbedingungen sind allerdings kurze Rechenzeiten in der Steuerung und kleiner Speicherplatzaufwand bei gleichzeitig reduzierter Rechengenauigkeit.

4.5 Realisierungsmöglichkeiten für die Funktionen der
    Sensordatenverarbeitung

Die Funktionen "Flächenbeschreibung" und "Bahnberechnung", die von den Programmen zur Sensordatenverarbeitung auszuführen sind, lassen sich auf unterschiedliche Weise realisieren, wobei sich für jedes Verfahren spezifische Vor- und Nachteile in Bezug auf Genauigkeit sowie Rechen- und damit Zeitaufwand ergeben. Ausgehend von allgemeinen Lösungsansätzen, die aus der Literatur bekannt und im NC-Bereich bereits eingeführt sind, werden im folgenden problemorientierte einfache Rechenverfahren abgeleitet.

4.5.1 Flächenbeschreibung

Ausgangspunkt der hier betrachteten Beschreibungsverfahren soll eine dreidimensionale Punktemenge einer Oberfläche sein, ausgedrückt in kartesischen Koordinaten x, y, z. Diese Meßpunkte werden aus den Signalen von flächenabtastenden taktilen Sensoren gewonnen.

Prinzipiell sind aus Meßpunkten aufgebaute Flächen durch die mathematische Formulierung der Flächen selbst oder charakteristischer Beschreibungselemente der Flächen darstellbar. Sind, wie stets bei technischen Systemen, die vorliegenden Flächen in ihrer Ausdehnung begrenzt, so bestehen insbesondere Möglichkeiten, die Flächen durch die Angabe der sie berandenden Kurven im Raume zu beschreiben. Allgemein werden derartige Beschreibungselemente als diskrete Flächencharakteristiken bezeichnet, wozu neben Flächenkurven auch Flächenpunkte und Flächentangenten verwendet werden.

Dem gegenüber steht die vollständige, eventuell stückweise, geschlossene Flächendefinition. Auf ihr beruhende Beschreibungsverfahren sind überwiegend bei den bereits angesprochenen Programmiersystemen für die Programmierung fünfachsiger NC-Werkzeugmaschinen anzutreffen.

4.5.1.1 Darstellung gekrümmter Flächen aus Meßpunkten

Um aus diskreten Meßpunkten zu einer numerischen Beschreibung
der durch sie repräsentierten Fläche zu gelangen, gibt es zwei
grundsätzliche Möglichkeiten:

- Approximation der Fläche aus den Meßpunkten,
- Interpolation der Fläche aus den Meßpunkten.

Bei Approximationsverfahren wird ein Flächenstück derartig
durch eine Anzahl von Meßpunkten gelegt, daß die Quadrate der
Abweichungen der korrespondierenden Flächenpunkte zu den Meßpunkten minimal sind. Eine mit Hilfe von Interpolationsverfah-
ren ermittelte Fläche hingegen verläuft exakt durch die vorgegebenen Meßpunkte. Eine derartige Beschreibung von Flächen
läßt sich aus der Approximation bzw. Interpolation von Raumkurven ableiten. Für letztere hat /63/ einen Vergleich beider
Verfahren angestellt, dessen Ergebnis in Bild 4.7 wesentliche
Merkmale der Alternativen zeigt.

	Interpolation	Approximation
Vorteile	- Einfacher mathematischer Sachverhalt, schnell zu programmieren - Interpolationsfläche geht exakt durch die Stützpunkte	- Beliebig viele Stützpunkte approximierbar - Meßfehler werden gemittelt - Die Stützpunktanordnung ist beliebig
Nachteile	- Bei vielen Stützpunkten hat das interpolierende Polynom einen hohen Grad - Anordnung der Stützpunkte ist nicht frei wählbar	- Mathematischer Sachverhalt ist schwierig - Aufwendig zu programmieren

Bild 4.7: Approximation/Interpolation von Raumkurven
durch Meßpunkte (nach /63/)

4.5.1.2 Allgemeine Darstellungsverfahren

In Abschnitt 4.1 war bereits angedeutet worden, daß die hier
betrachteten Flächen mathematisch nicht einfach beschreibbar,
das heißt, in der Regel auch nicht in ihrer Gesamtheit in ge-
schlossener Form darzustellen sind. Dagegen ist eine Aufspal-
tung der Gesamtfläche in eine Reihe von Teilflächen häufig
durchführbar, die sich ihrerseits geschlossen darstellen lassen.

Zur Definition dieser Teilflächen, auch Pflaster (von engl.
"patch") genannt, gibt es verschiedene Verfahren. Das von
Coons /65/ beschriebene wird in seiner allgemeinen Form vorteilhaft auf die Approximation der Pflaster aus diskreten Meßpunkten angewandt. Allerdings müssen für derartige Flächenbe-
schreibungen selbst auf leistungsfähigen Großrechenanlagen bereits relativ hohe Rechenzeiten in Kauf genommen werden, die
einen Einsatz zur Prozeßsteuerung unter Echtzeitbedingungen
praktisch unmöglich machen. Die Bilder 4.8 und 4.9 (aus /63/)
zeigen beispielhaft solche approximierten Flächen und die erreichbaren Genauigkeiten.

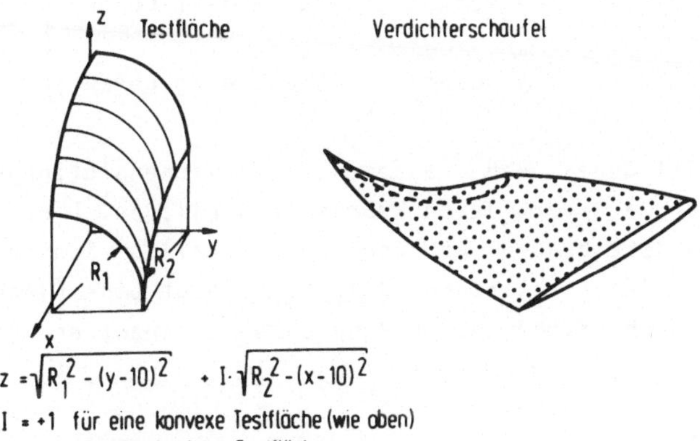

$$z = \sqrt{R_1^2 - (y-10)^2} + I \cdot \sqrt{R_2^2 - (x-10)^2}$$

I = +1 für eine konvexe Testfläche (wie oben)

I = -1 für eine konkave Testfläche

Bild 4.8: Beispiele für approximierte Flächen /63/

	Anzahl der Meßpunkte	Maximale Abweichung mm	Rechenzeit CDC 6600 s
Testfläche (konvex)	49	0,03	0,22
Verdichterschaufelfläche (oben)	100	0,7	0,69

<u>Bild 4.9:</u> Genauigkeiten und Zeitaufwand für die Flächenbeschreibung (nach /63/)

4.5.1.3 Einfache problemorientierte Darstellungsverfahren

Zum Einsatz in einer sensorgeführten PHG-Steuerung ist das allgemeine Coons'sche Flächenbeschreibungsverfahren zu aufwendig. Eine erste Vereinfachung ergibt sich, wenn die zur Definition der Plaster benötigten sogenannten Randkurven eben sind, also in den jeweils von einem kartesischen Koordinatensystem aufgespannten Hauptebenen yz und xz liegen. Ihre Gleichungen lauten dann in expliziter Form

$$z_{yz} = z(x_i,y) \quad x_i=\text{const} \quad \text{für die yz-Ebene}$$
$$z_{xz} = z(x,y_j) \quad y_j=\text{const} \quad \text{für die xz-Ebene}$$

$$(4.1).$$

Bedingung ist dabei, daß die gemessenen Flächenstützpunkte in einem festen, achsparallelen Meßraster vorliegen. Dies ist der Fall bei entsprechender Führung des taktilen Sensorsystems während der Flächenabtastung. <u>Bild 4.10</u> zeigt eine Fläche, die aus einem durch solche ebenen Randkurven begrenzten Pflaster besteht.

Auf zusätzliche Flächenbeschreibungselemente, die sogenannten Eckpunktsinformationen (Positionsvektoren, Tangentenvektoren,

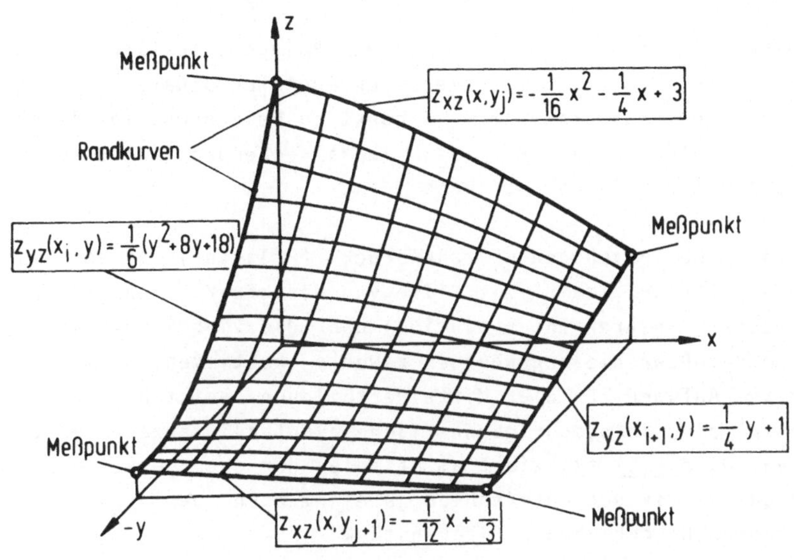

<u>Bild 4.10:</u>   Fläche mit ebenen Pflaster-Randkurven

Twistvektoren) wird hier verzichtet. Sie sind beim allgemeinen Coons'schen Verfahren erforderlich, um bei einer Beschreibung einer größeren Fläche durch mehrere Pflaster die Teilflächenstücke knick- und absatzfrei ineinander übergehen zu lassen. Für den Anwendungsfall soll davon ausgegangen werden, daß das abgetastete Flächenstück durch genau ein Pflaster darstellbar ist.

Eine weitere Vereinfachung und damit Reduzierung des Rechenaufwandes ergibt sich, wenn man die Randkurven nicht durch Approximation sondern durch Interpolation aus den entsprechenden Meßpunktsätzen gewinnt. Die bei approximierenden Verfahren prinzipiell erforderlichen Iterationsschritte können teilweise bei der Interpolation von Kurven durch eine Anzahl vorgegebener Punkte eingespart werden. Liegen n Meßpunkte vor, durch die eine Randkurve zu beschreiben ist, so lautet die Gleichung des Interpolationspolynoms, z.B. in der xz-Ebene,

$$z_{xz} = a_{0j} + a_{1j}x + a_{2j}x^2 + \ldots + a_{n-1j}x^{n-1} \qquad (4.2).$$

Die Koeffizienten $a_{0j} \ldots a_{n-1j}$ des Polynoms (n-1)ten Grades sind durch Einsetzen der gemessenen Punktkoordinaten für die zugehörigen Ortsparameter y_j = const zu berechnen. In gleicher Weise verfährt man mit den entsprechenden Interpolationsalgorithmen in der yz-Ebene.

Auf dem beschriebenen Flächenstück (Pflaster) lassen sich durch Mittelung (z. B. mit Hilfe von Mischfunktionen /65/ oder einfacher linearer Interpolation) über die vier Randkurven zu jedem x-y-Paar die zugehörigen z-Werte bestimmen. Bei reduziertem Aufwand für die Mittelwertbildung entstehen gewisse Fehler, die die beschriebene Fläche eventuell verzerrt wiedergeben. <u>Bild 4.11</u> skizziert am Beispiel der oben gezeigten Fläche qualitativ den Unterschied zu einem nach dem Coons'schen Verfahren beschriebenen Flächenstück.

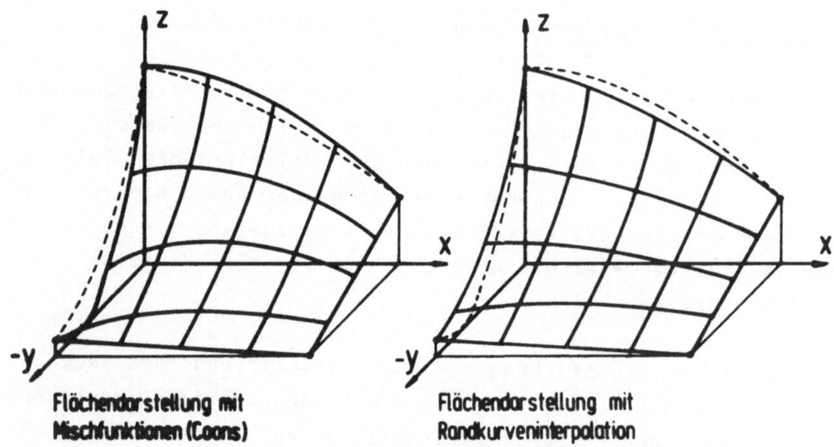

<u>Bild 4.11:</u> Flächenverzerrung durch vereinfachtes
Mittelungsverfahren

Ein derartig vereinfachtes Verfahren zur Flächenbeschreibung liefert aus aufgenommenen Meßpunkten eine beliebige Anzahl interpolierbarer Flächenpunkte und eignet sich prinzipiell zur Implementierung in eine PHG-Steuerung für den vorgestellten Einsatzfall.

Ist wie im Fall des in Bild 4.1 gezeigten Werkstücks, die Fläche nur in einer Vorzugsrichtung relativ genau zu beschreiben, nämlich quer zur Schweißnaht, so reicht die numerische Flächendarstellung in Form einer Reihe von parallel liegenden ebenen Kurvenstücken aus. <u>Bild 4.12</u> zeigt die gemessenen Stützpunkte, die durch zeilenparallele Abtastung einer Oberfläche entstanden sind. Punkte der Fläche, die zwischen den aus der Meßdaten berechneten Querschnittskurven liegen, werden bei hinreichend kleinem Schnittabstand s durch einfache lineare Interpolation zwischen den korrespondierenden Punkten zweier Schnittkurven ermittelt. Diese Art der Interpolation ist bereits Bestandteil der Führungsgrößenerzeugungsalgorithmen der in Abschnitt 4.2 vorausgesetzten CNC für das PHG. Damit besteht die Aufgabe der Sensordatenverarbeitung zum Aufbau des rechnerinternen Werkstückmodells darin, einfa-

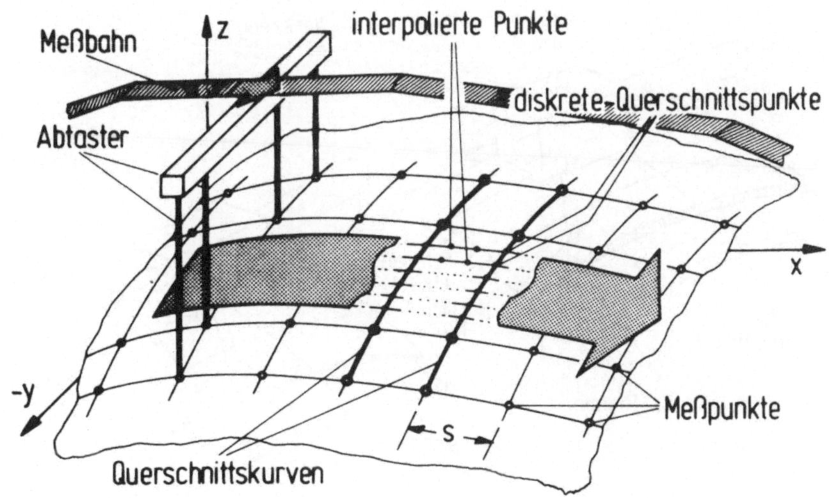

<u>Bild 4.12:</u> Meßpunktanordnung bei zeilenweiser Flächenabtastung

che Querschnittskurven zwischen den aufgenommenen Meßpunkten
analytisch zu beschreiben. Auf den Querschnittskurven werden
in einem vorgegebenen Raster einzelne Punkte diskret berechnet
und als Repräsentanten der beschriebenen Oberfläche in der
Steuerung gespeichert.

4.5.2 Werkzeugbahnbeschreibung

Zur Führung eines Werkzeuges auf der numerisch beschriebenen
Oberfläche ist es erforderlich, aus der Flächenbeschreibung
aktuelle Werkzeugbahnen abzuleiten. Die dabei erhaltenen Steu-
erdaten für das PHG sind von geometrischen und technologischen
Parametern beeinflußt.

Grundaufgabe ist die Beschreibung von Bahnen, auf denen ein
Werkzeugvektor stets in normaler Ausrichtung zum gerade bear-
beiteten Oberflächenpunkt geführt werden kann. Zusätzlich ist
häufig die Einhaltung zweier konstanter Winkel zur Tan-

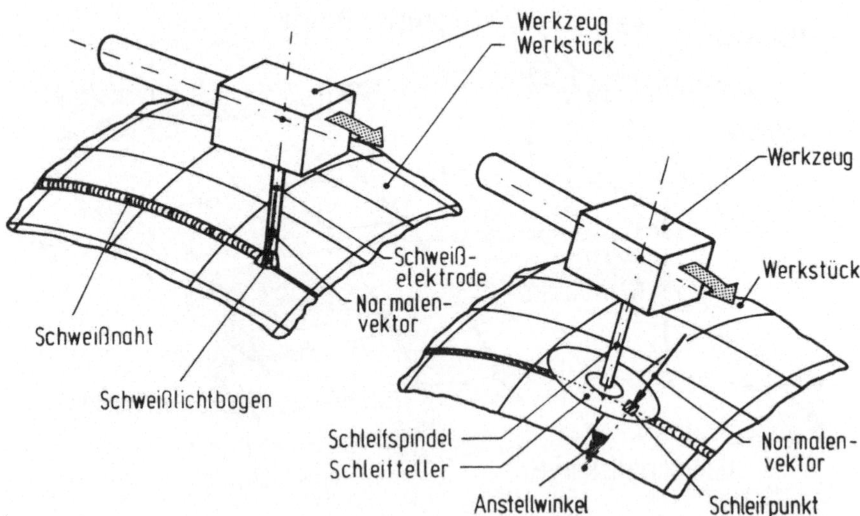

<u>Bild 4.13:</u> Werkzeugorientierung beim Schweißen und Schleifen

gentialebene durch den betrachteten Punkt erwünscht, was durch bestimmte Vor- oder Nacheilwinkel der Werkzeugachse zur Flächennormalen beschrieben werden kann. Solche Anforderungen bestehen z.B. beim Lichtbogenschweißen oder beim bahngesteuerten Beschichten, ebenso bei der vorliegenden Schleifaufgabe. Während im Fall des Schweißens das gesamte Werkzeug, also die Elektrode mit dem Lichtbogen, als annähernd linienförmig mit punktförmiger Auftreffstelle angesehen werden kann, gilt dies in den letztgenannten Fällen nur an jeweils einem ausgezeichneten Punkt des Spritzkegels oder Werkzeuges (<u>Bild 4.13</u>). Wird beim Schleifen die Werkzeugspindel normal zur Oberfläche geführt, so fällt der Schleifpunkt eines tellerförmigen Schleifwerkzeuges nicht mit dem Durchstoßpunkt der Spindelachse durch die gekrümmte Fläche zusammen. Dies muß durch die Vorgabe entsprechender Verschiebungen und Anstellwinkel bei der Werkzeugführung berücksichtigt werden.

4.5.2.1 <u>Allgemeine Berechnungsverfahren</u>

Die NC-Programmiersysteme für das fünfachsige Fräsen enthalten Bausteine zur Erzeugung von Bewegungsbahnen, die dem Programmierer gestatten, bestimmte Bearbeitungsmuster auf den Oberflächen vorzugeben. Aus der numerischen Flächenbeschreibung werden Folgen von Fräserpositionen bestimmt, die von den Fräserformen sowie vom gewünschten Bearbeitungsmuster abhängen. Flächennormalen sind aus der analytischen Darstellung berechenbar. Die Fräserposition wird durch die Fräserspitze oder allgemeiner, die Werkzeugspitze und den Werkzeugachsvektor definiert, wobei bei der Festlegung des Achsvektors die vorher erwähnten zusätzlichen Anstellwinkel bereits berücksichtigt sind. Unterschiedliche Wege zur Ermittlung der Fräserpositionen bei verschiedene Programmiersystemen sind in /63/ aufgeführt.

Entscheidend ist bei allen Verfahren der Schritt der Diskretisierung einzelner Flächenpunkte aus der in einer zumin-

dest teilweise geschlossenen Flächendarstellung enthaltenen
Punktevielfalt. Die Punktinformationen werden im sogenannten
Postprocessor des Programmiersystems für die entsprechende NC
oder CNC aufbereitet und z.B. als dichte Folge von NC-Sätzen
an diese übergeben.

4.5.2.2 Einfache Auswahlverfahren

Steht, wie im Falle der hier behandelten Schleifaufgabe, die
numerische Flächendarstellung aus diskreten Flächencharakteristiken, also z.B. bereits in punktdiskreter Form, zur Verfügung, so lassen sich Werkzeugbahnbewegungen direkt aus ausgewählten Punkten dieser Flächenbeschreibung aufbauen. Normalenrichtungen für den Werkzeugachsvektor ergeben sich dann mit
Hilfe von Schnittebenen, die von ausgewählten Flächenpunkten
aufgespannt werden. Dem Nachteil der Bindung möglicher Bahnbe-
wegungen an das Punktraster der Beschreibung steht eine sehr
kurze Rechenzeit gegenüber, die für einen Echtzeiteinsatz an
einem sensorgeführten PHG vorteilhaft ist. Der genannte Nachteil fällt bei hinreichend dichter Punktfolge jedoch nicht ins
Gewicht, wenn die Punktverteilung auf der Werkstückoberfläche
dem Bearbeitungsproblem angepaßt ist. Dies kann durch entsprechende Aufnahme von Flächenstützpunkten in der Beschrei-
bungsphase der Sensordatenverarbeitung erreicht werden. Eine
zusätzliche lineare Interpolation zwischen den ausgewählten
Bahnpunkten wird von der numerischen PHG-Bahnsteuerung über-
nommen. Auswahlkriterium für die Bahnstützpunkte ist wiederum
ein gewünschtes Bewegungsmuster auf der Oberfläche, das einen
Laufindex zur Adressierung von Punktesätzen aus der während
der Flächenbeschreibungsphase aufgebauten Datenstruktur steuert.

Zusammenfassung

Zur Erzeugung von NC-Steuerdaten aus dem rechnerinternen Werkstückmodell stehen berechnende oder auswählende Verfahren zur

Verfügung. Rechenverfahren sind nur bei analytischer Flächenbeschreibung einsetzbar. Bei reinen Auswahlverfahren, die einen geringeren Zeitbedarf aufweisen und sich daher für die vorliegende Aufgabe besser eignen, sind Korrekturparameter, wie Korrekturwinkel oder unterschiedliche Werkzeuglängen und -eingriffspunkte von der CNC des gesteuerten PHG unabhängig von der Sensordatenverarbeitung zu berücksichtigen, da die Bahnbeschreibungsphase hier nur idealisierte Oberflächenpunkte mit den zugehörigen Normalenrichtungen ohne zusätzliche Berücksichtigung geometrischer oder technologischer Randbedingungen als NC-Steuerdaten vorgibt.

5 Entwurf und Aufbau eines sensorgeführten Steuerungssystems

Am Beispiel einer am Institut für Steuerungstechnik der Werkzeugmaschinen und Fertigungseinrichtungen an der Universität
Stuttgart entwickelten und ausgeführten PHG-Steuerung mit geometrischer Sensordatenverarbeitung soll in den folgenden Abschnitten der Entwurf und Aufbau eines derartigen Systems auf-
gezeigt werden. Die Betrachtung der Voraussetzungen an Geräte-
komponenten und Betriebsprogramme der Steuerung sowie des Sensorsystems soll Anhaltspunkte für weitere Entwicklungen von
taktil sensorgeführten PHG-Steuerungen geben. Dabei ist die
Integrierbarkeit der Programmbausteine zur geometrischen Sensordatenverarbeitung in vorhandene PHG-Steuerungen von beson-
derem Interesse.

5.1 Komponenten der Steuerung

Zur Realisierung der sensorgeführten PHG-Steuerung durch Integration von Komponenten zur Sensordatenverarbeitung in die CNC
eines PHG ist eine Kenntnis von Einzelheiten der internen
Steuerungsabläufe sowie der Schnittstellen der CNC zur Umwelt
unabdingbar. Die Steuerung muß daher zunächst in ihren für die
Einbeziehung der Sensorführung relevanten Teilen näher untersucht werden. Darüber hinaus ist das vorgesehene Sensorsystem
in seinen Schnittstellen zur Steuerung, vor allem in seinen
Koordinatenbezügen, zu betrachten.

Die als Ausgangspunkt zugrundegelegte Steuerung entspricht in
ihren wesentlichen Eigenschaften der Ausführung heute üblicher
numerischer Bahnsteuerungen für Werkzeugmaschinen unter beson-
derer Berücksichtigung der roboterspezifischen Programmierverfahren. Die Konzeptüberlegungen zur Sensorführung der entwor-
fenen Steuerung und des mit ihr gekoppelten PHG sind damit
weitgehend allgemeingültig und übertragbar.

5.1.1 <u>CNC des PHG</u>

Die Struktur der CNC für das fünfachsige PHG zeigt <u>Bild 5.1</u>.

Durch "Teach-In"-Programmierung, das heißt durch Anfahren von Punkten im Arbeitsraum des PHG und Übernahme der zugehörigen Inkrementwerte der Wegmeßsysteme in den Koordinatenspeicher kann ein Bewegungsprogramm erstellt werden. Der Interpolationsbaustein gestattet eine Simultanbewegung aller fünf Achsen, wobei in einem kartesischen, raumfesten Koordinatensystem vom jeweiligen Startpunkt zum programmierten Zielpunkt linear interpoliert wird. Die Bewegung auf der Trajektorie zwischen beiden Endpunkten erfolgt für Bearbeitungsaufgaben mit konstanter programmierbarer Bahngeschwindigkeit.

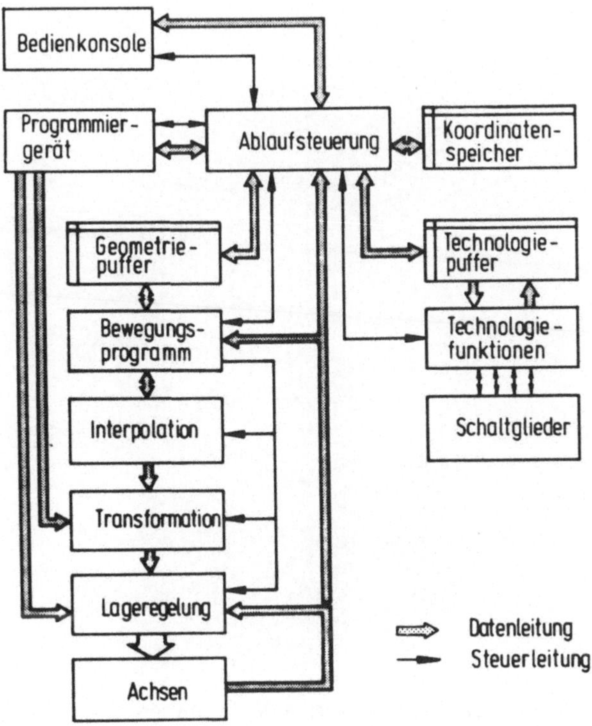

<u>Bild 5.1:</u> Struktur der Bahnsteuerung (CNC) für das PHG

Den jeweiligen Raumpunktpaaren mit den kartesischen Koordinaten X, Y, Z sind Orientierungswinkel U und V (Polarkoordinaten) zugeordnet, die sich auf das Grundkoordinatensystem beziehen und zwischen deren Anfangs- und Endwerten während einer Bewegung auf der Trajektorie ebenfalls linear interpoliert wird /2/.

5.1.2 Sensorsystem

Das taktile Sensorsystem zur Erfassung geometrischer Werkstückdaten besteht aus einer einzeiligen Anordnung von linearen induktiven Wegaufnehmern (Bild 5.2). Diese Fühler liefern gut reproduzierbare Meßwerte bei hoher Auflösung und sind komplett mit der zugehörigen Signalaufbereitungselektronik handelsüblich.

Bild 5.2: Taktiler Sensorkamm aus linearen Wegaufnehmern mit zugehörigen Trägerfrequenzmeßverstärkern

Dieser sogenannte Sensorkamm wird anstelle eines Werkzeuges am
PHG angebracht und entlang einer vorgegebenen groben Sollbahn
über das zu vermessende Werkstück bewegt. Die dabei von jedem
einzelnen Wegaufnehmer gelieferten Signale repräsentieren zunächst individuelle Längenmeßwerte.

Da die Geometrie der Sensoranordnung und deren Bezug zum PHG
konstruktiv vorgegeben ist, kann das Sensorsystem als ein gegenüber dem raumfesten Bezug verschobenes und verdrehtes eige-
nes Koordinatensystem angesehen werden, dessen Ursprung und
Ausrichtung durch die Soll- oder Istwerte der Achslagen des
PHG festlegbar ist (Bild 5.3). In diesem Sensorkoordinatensystem werden nun direkt mit den gemessenen Auslenkungswerten
Berechnungen durchgeführt, deren Ergebnisse in das raumfeste
System des PHG zu transformieren sind /66/. Die so ermittelten
Koordinatensätze müssen nicht mehr unmittelbar Repräsentati-
onen der gemessenen Oberflächenpunkte des Werkstücks im raumfesten Koordinatensystem sein, vielmehr handelt es sich hierbei bereits um zwischen Stützwerten interpolierte Oberflächenpunkte.

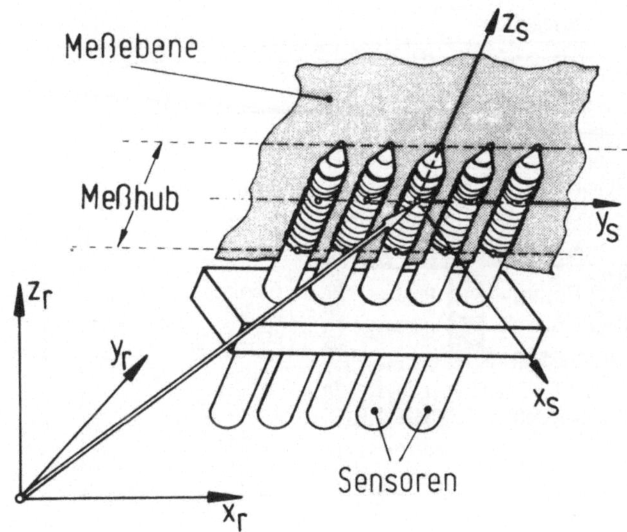

Bild 5.3: Sensorkoordinatensystem

5.2 <u>Komponenten der Sensordatenverarbeitung</u>

Das Programm zur Sensordatenverarbeitung in der PHG-CNC besteht aus mehreren Funktionsgruppen, die größtenteils auch
selbständigen Programmoduln zugeordnet werden können. Die
Strukturierung solcher Moduln, ihre logische und zeitliche
Verknüpfung sowie der Ablauf der Sensordatenverarbeitungsphase
bei Integration in die PHG-CNC sollen untersucht werden. Für
die Realisierung spezieller Programmbausteine für eine geome-
trieorientierte Sensorführung werden einfache Lösungsansätze
angegeben und diskutiert.

5.2.1 <u>Programmstruktur und -ablauf</u>

<u>Bild 5.4</u> zeigt, wie sich das Programmpaket zur geometrisch
orientierten Sensordatenverarbeitung in die PHG-CNC einfügt.
Von der CNC sind nur die für die Bewegungserzeugung erforderlichen Bausteine zur Datenspeicherung, Führungsgrößenerzeugung
sowie zur Lageeinstellung gezeigt. Außer den dargestellten

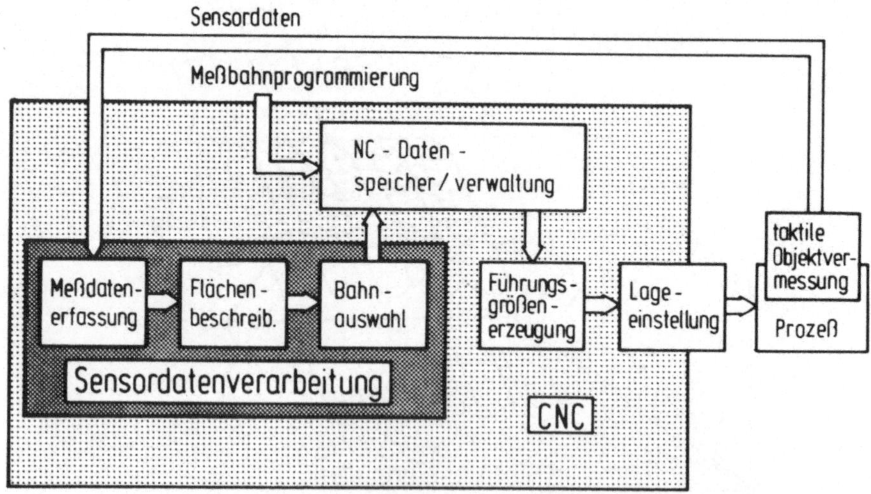

<u>Bild 5.4:</u> Integration der Sensordatenverarbeitung in eine CNC

Funktionsblöcken benötigt insbesondere die Sensordatenverarbeitung noch eine Reihe weiterer Bausteine zur Synchronisation mit dem Ablauf des CNC-Betriebsprogramms. Die nachfolgenden Abschnitte zeigen neben den Bestandteilen des sensordatenverarbeitenden Systems auch Anforderungen an solche zusätzlichen Funktionen auf.

Die Aufnahme und Verarbeitung geometrischer Sensordaten läuft nach dem in Bild 5.5 dargestellten zeitlichen und logischen Schema ab. Ausgangspunkt eines Bearbeitungslaufes ist ein kurzes NC-Steuer- und Bewegungsprogramm für einen speziellen Werkstücktyp, das einen Teil von dessen Oberfläche in Form eines groben Polygonzuges beschreibt. Dieser Polygonzug ist gleichzeitig die Meßbahn (vgl. Bild 4.12), auf der die vom PHG geführte Sensoren das Werkstück abtasten. Die Programmierung dieser Grobbahn erfolgt im Teach-In-Betrieb durch Anfahren und Speichern weniger Stützpunkte auf der Werkstückoberfläche. Für den angenommenen Einsatzfall, der in Kapitel 4.1 beschrieben wurde, also Schleifen einer Schweißnaht, verläuft der Polygon-

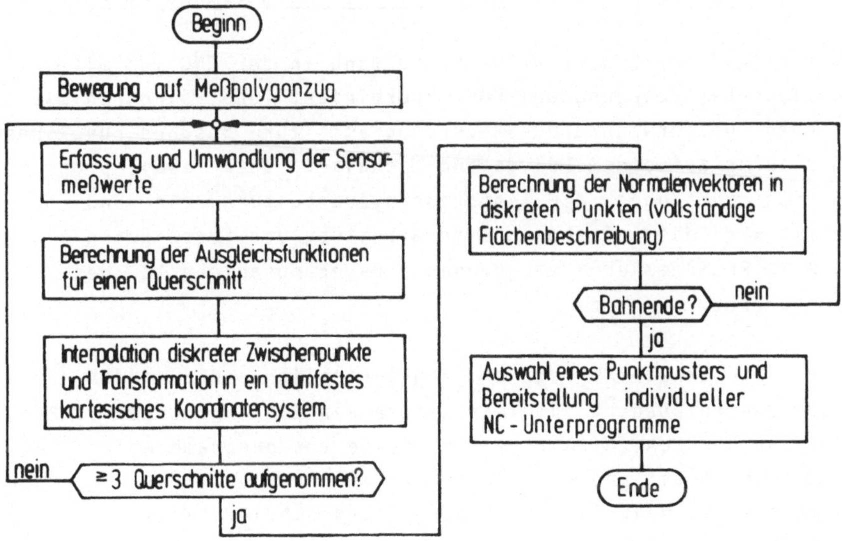

Bild 5.5: Erzeugung einer Flächenbeschreibung aus Sensordaten

zug so, daß der Sensorkamm während des Meßlaufes annähernd in Normalenrichtung und symmetrisch zur Schweißnaht bewegt wird. Von der Sensoreinrichtung werden damit Schnitte quer zur Naht vermessen.

5.2.2 Programmbausteine

Die Verknüpfung einzelner modularer Programmbausteine des Datenverarbeitungssystems und der Datentransfer erfolgt über gemeinsame Datenfelder im Speicher des Steuerungsrechners (Bild 5.6). Dadurch lassen sich klare Schnittstellen definieren und bei wechselnden Anforderungen einzelne Programmteile leicht austauschen oder Erweiterungen einbringen, ohne die gesamte Struktur aufzubrechen. Zur Identifikation der Moduln wird im folgenden auf die im ausgeführten System verwendeten Namen und Kurzbezeichnungen Bezug genommen.

5.2.2.1 Synchronisation und Ablaufsteuerung (SURFC, SDRIV)

Der Ablauf der Sensordatenverarbeitung in der CNC muß mit der gesteuerten Bewegung des PHG koordiniert und synchronisiert werden. Das erwähnte NC-Steuerprogramm zur Beschreibung des Meßlaufes auf einem Polygonzug schaltet über zwei programmierte Funktionen die Sensordatenverarbeitung ein und aus. Damit wird die Aufnahme und Verarbeitung von Sensordaten einem vom NC-Programmierer vorgegebenen Bewegungsabschnitt des PHG zugeordnet.

Die zeitdiskrete Abfrage der kontinuierlich anfallenden Sensormeßwerte steuert in dieser Phase ein Zählerprogramm SURFC, das von der Echtzeituhr der CNC sowie von programmierter Meßgeschwindigkeit und gewünschtem räumlichen Abstand s der Meßschnitte (s. Bild 4.12) abhängig fortgeschaltet wird.

Um die Schnittstelle zwischen Grundfunktionen der CNC und Sensordatenverarbeitungssystem möglichst einfach zu halten, ge-

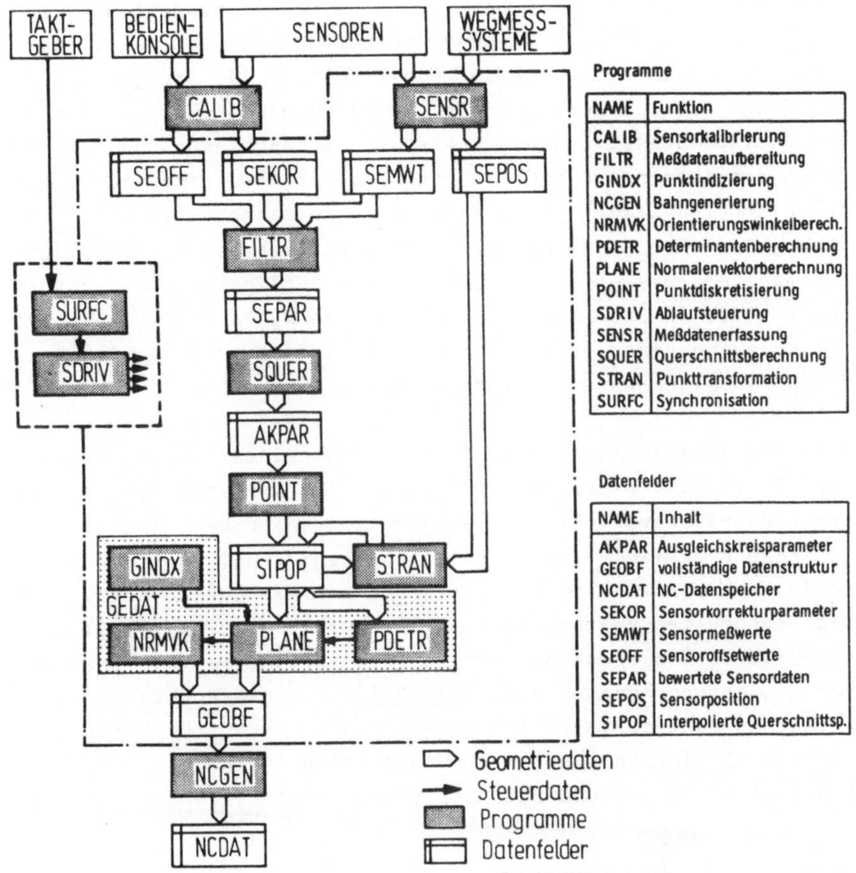

Programme

NAME	Funktion
CALIB	Sensorkalibrierung
FILTR	Meßdatenaufbereitung
GINDX	Punktindizierung
NCGEN	Bahngenerierung
NRMVK	Orientierungswinkelberech.
PDETR	Determinantenberechnung
PLANE	Normalenvektorberechnung
POINT	Punktdiskretisierung
SDRIV	Ablaufsteuerung
SENSR	Meßdatenerfassung
SQUER	Querschnittsberechnung
STRAN	Punkttransformation
SURFC	Synchronisation

Datenfelder

NAME	Inhalt
AKPAR	Ausgleichskreisparameter
GEOBF	vollständige Datenstruktur
NCDAT	NC-Datenspeicher
SEKOR	Sensorkorrekturparameter
SEMWT	Sensormeßwerte
SEOFF	Sensoroffsetwerte
SEPAR	bewertete Sensordaten
SEPOS	Sensorposition
SIPOP	interpolierte Querschnittsp.

Bild 5.6: Datenfluß zwischen den Bausteinen zur Sensordatenverarbeitung

schieht die Kommunikation zwischen beiden Teilen über eine Semaphorvariable, die an _einer_ Stelle im CNC-Betriebsablauf regelmäßig abgefragt wird. Dies ist für einen ungestörten zeitlichen Ablauf des CNC-Betriebssystems vorteilhafter als die Anwendung von Interrupttechniken zur Aufnahme und Auswertung der Meßdaten und erfordert nur einen geringen Eingriff in das Betriebssystem.

Eine CNC mit digitaler Lageregelung hat als Grundaufgabe die regelmäßige, getaktete Bildung von Führungsgrößen zur Versorgung der Achslageregelkreise. Die Bahntreue des lagegeregelten PHG hängt unter anderem von der zeitlich gleichmäßigen Bildung und Ausgabe dieser Führungsgrößen ab. Neben diesen zeitkritischen Aufgaben hat die CNC innnerhalb der Abtastintervalle der zeitdiskreten Lageregelung noch freie Zeitabschnitte zur Verfügung, die für niederpriore, zeitunkritische organisatorische Tätigkeiten, wie Satzvorbereitung oder Anzeigenausgabe ausgenutzt wird. Darüber hinaus verbleibt ein Restanteil, der bis zum Ablaufen einer ganzen Zahl von vollen Lageregelzyklen "untätig" in einer Warteschleife verbracht wird.

Typische Abtastzeiten sind ca. 10 ms bei einem Wartezeitanteil von 5% ... 30%. Diese Wartezeit wird im vorliegenden System zur Sensordatenverarbeitung ausgenutzt, indem über die genannte Semaphorvariable (Synchronisationsbedingung) aus der Warteschleife heraus in ein Unterprogramm zur Ablaufsteuerung für die Sensordatenverarbeitung (SDRIV) verzweigt wird. SDRIV ruft seinerseits die folgenden Verarbeitungsbausteine hintereinander als Unterprogramme auf. Bild 5.7 zeigt den Aufbau der erweiterten Warteschleife in der vorliegenden CNC. Dies ist die einzige Stelle, an der die Sensordatenverarbeitung in den Echtzeitablauf des CNC-Betriebssystems eingreifen muß.

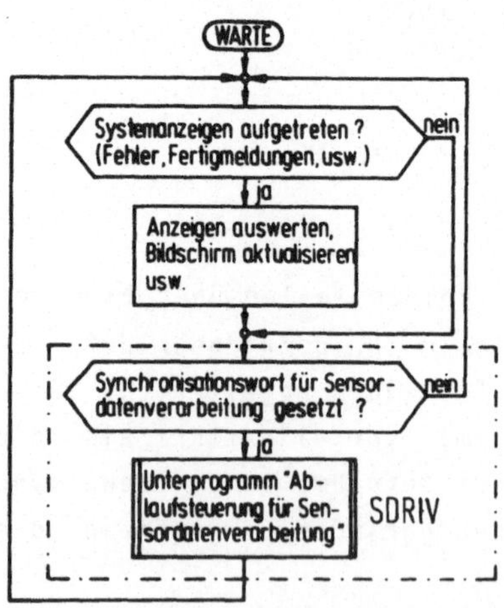

Bild 5.7:
CNC-Warteschleife
mit Ablaufsteuerung
für die Sensor-
datenverarbeitung

5.2.2.2 Meßdatenerfassung (SENSR, FILTR, CALIB)

Um Meßwerte von den Tastfühlern in das Verarbeitungsprogramm aufnehmen zu können, müssen sie zunächst von analoger Darstellung (sensorabhängig) in digitale Größen gewandelt und auf eine Maßeinheit normiert werden. Die Bausteine der Meßdatenerfassung (SENSR, FILTR) übernehmen die dabei erforderliche Ansteuerung der Hardwarekomponenten für die Sensorschnittstelle sowie die Aufbereitung und Bewertung der gelesenen Sensordaten. Zu jedem Meßdatensatz müssen auch die momentane Position des Sensorsystems in Form von Lagekoordinaten des PHG festgehalten werden, um anschließend eine Transformation der Meßwerte in das raumfeste PHG-Koordinatensystem vornehmen zu können.

Aufgabe der Meßdatennormierung ist auch die Berücksichtigung individueller Sensoreichkurven, deren Parameter in einem Kalibrierprogramm (CALIB) zu einem beliebigen früheren Zeitpunkt sensorspezifisch ermittelt und abgelegt wurden.

5.2.2.3 Berechnung von Querschnittskurven (SQUER)

Bei einer Messung mit der in Bild 5.2 vorgestellten Anordnung erhält man in der Meßebene (s. Bild 5.3) die in <u>Bild 5.8</u> gezeigten Meßpunkte. Diese diskreten Meßpunkte müssen durch glatte Kurven so miteinander verbunden werden, daß der Zwischenraum zwischen den innenliegenden Punkten analytisch beschreibbar wird.

Durch die Meßpunkte P_1, P_2 und P_3 errechnet ein Programmabschnitt (SQUER) zunächst einen Kreis mit Radius R_1 und Mittelpunkt Y_{m1}/Z_{m1} im Sensorkoordinatensystem. Im zweiten Schritt wird ein Kreis durch die Punkte P_2, P_3 und P_4 mit R_2 und Y_{m2}/Z_{m2} berechnet (Bild 5.8). Durch Mittelung über R_1 und R_2 entsteht ein Radius R_m, der einem Ausgleichskreis durch die Punkte P_2 und P_3 zugeordnet wird. Dieser Kreisabschnitt mit

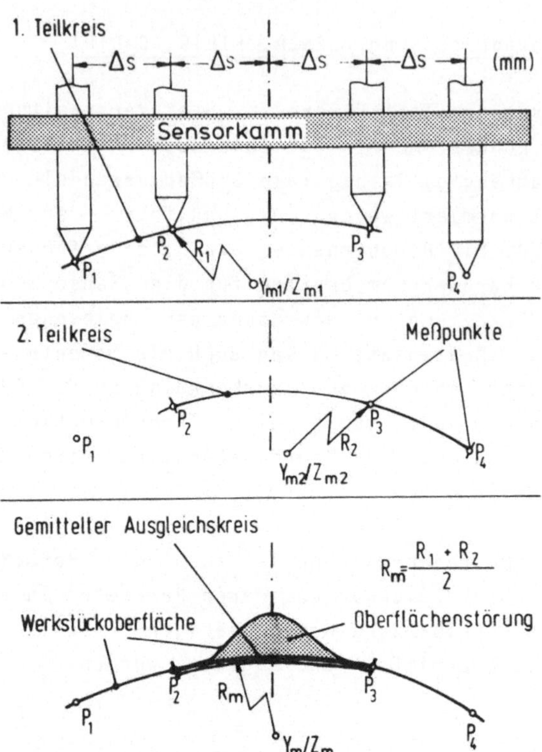

Bild 5.8: Bestimmung eines Ausgleichskreises durch Mittelung über zwei Teilkreise

den Mittelpunktskoordinaten Y_m/Z_m stellt eine Beschreibung des Werkstückquerschnitts im Bereich zwischen den Punkten P_2 und P_3 durch eine mathematisch glatte Kurve dar. Aus Untersuchungen in /54/ geht hervor, daß diese sehr einfache Querschnittsbeschreibung für den konkreten Anwendungsfall ausreichend genau ist.

Sind größere Stützpunktzahlen als vier zu interpolieren, wenn ein breiterer Bereich um die Schweißnaht mit entsprechend höherer Zahl von Sensoren abgetastet wurde, so müssen dazu, bei entsprechend steigendem Rechenaufwand, die Ausgleichskurven

durch Polynome höherer Ordnung geschlossen oder durch Splines
(vgl. /65/) stückweise beschrieben werden. Besonderes Augen-
merk ist dabei auf die Vermeidung unerwünschter Schwingungen
bei höhergradigen Polynomen zu legen.

5.2.2.4 Koordinatentransformation (POINT, STRAN)

Liegt die Querschnittsbeschreibung in Form der Parameter des
Ausgleichskreises (Radius, Mittelpunktskoordinaten) vor, so
werden daraus mit Hilfe eines Programmteils (POINT) zwischen
den Randpunkten P_2 und P_3 mehrere diskrete Punkte ermittelt
(Bild 5.9). Für die anschließende Berechnung von Flächennormalen ist hierbei ein Minimum von drei Zwischenpunkten erforderlich, wobei die Randpunkte mit den Stützpunkten P_2 und P_3 zu-
sammenfallen dürfen.

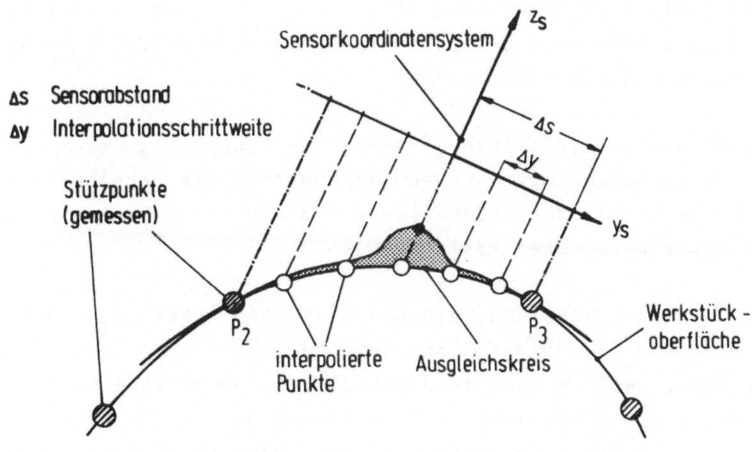

<u>Bild 5.9:</u> Interpolation diskreter Punkte auf dem
Ausgleichskreis

Die so erzeugten diskreten Zwischenpunkte im Sensorkoordinatensystem sind zur Vorbereitung der Flächenbeschreibung für

jeden einzelnen Meßschnitt in ein raumfestes kartesisches Koordinatensystem zu transformieren. Dazu benötigt ein Unterprogramm (STRAN) zusätzlich die bei der Meßwerterfassung aufgenommenen Koordinaten des Sensorsystemursprungs im Raum. Der Algorithmus für die Koordinatentransformation ist von Bauform und Kinematik des eingesetzten PHG abhängig und ist ähnlich wie in /2/ angegeben aufgebaut.

Als Ergebnis der Koordinatentransformation werden für einen aufgenommenen Meßdatensatz insgesamt m' Koordinatentripel (X, Y,Z) für die m' diskreten Querschnittspunkte in einem Puffer (SIPOP) abgelegt.

5.2.2.5 <u>Vollständige Flächenbeschreibung</u> (GEDAT)

Die transformierten Punktesätze müssen noch durch die zugehörigen Normalenvektoren ergänzt werden, um eine vollständige flächenbeschreibende Datenstruktur aus diskreten geordneten Koordinatensätzen zu erhalten.

Dazu wird die oberflächenbeschreibende Punktemenge nach einem bestimmten Schema mit Sehnen verbunden, die dreieckförmige Flächenstücke einschließen. Diese Flächen seien hier als Sehnenflächen bezeichnet (<u>Bild 5.10</u>).

Unter der Voraussetzung, daß die diskreten Punkte $P_{i,j}$ der gekrümmten Oberfläche durch Schnitte dieser Fläche mit Ebenen entstehen, welche annähernd normal zur Oberfläche verlaufen, die mit i und j indizierten Schnitte in Bild 5.10 also annähernd sogenannte Normalschnitte sind, läßt sich die gekrümmte Fläche näherungsweise durch übereinander gelegte Ebenenausschnitte darstellen. Dabei werden die Schnittebenen jeweils durch ein Punktetripel aufgespannt. Aus den Ebenengleichungen kann man die Komponenten $A_{i,j}$, $B_{i,j}$, $C_{i,j}$ der zugehörigen Normalenvektoren $\underline{N}_{i,j}$ bestimmen (PLANE).

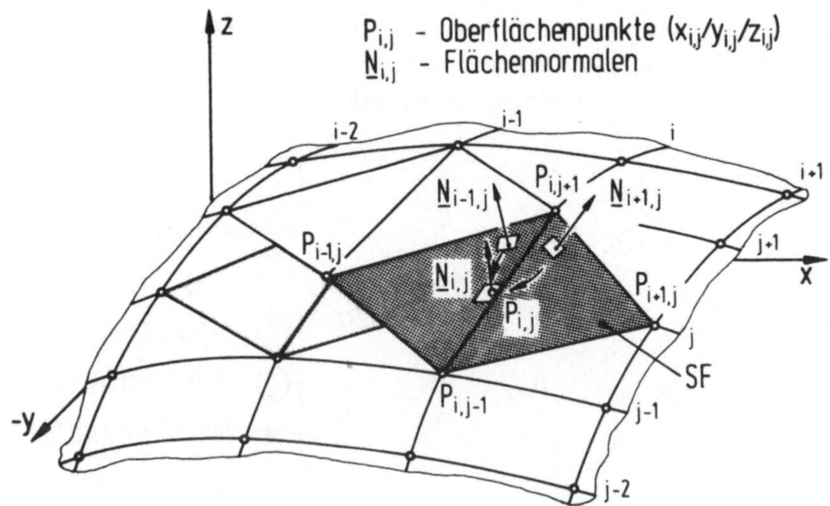

Bild 5.10: Darstellung einer gekrümmten Oberfläche mit Hilfe von Sehnenflächenstücken (SF)

Die Gleichung einer durch drei Punkte gelegten Sehnenfläche, z.B. der im Bild 5.10 dargestellten Fläche SF, ist

$$\begin{vmatrix} x & y & z & 1 \\ x_{i,j-1} & y_{i,j-1} & z_{i,j-1} & 1 \\ x_{i+1,j} & y_{i+1,j} & z_{i+1,j} & 1 \\ x_{i,j+1} & y_{i,j+1} & z_{i,j+1} & 1 \end{vmatrix} = 0 \qquad (5.1).$$

Durch Auflösung der Determinante nach x, y, z (PDETR) erhält man die Normalkomponenten $A_{i+1,j}$, $B_{i+1,j}$, $C_{i+1,j}$ durch Vergleich mit den Koeffizienten der allgemeinen Ebenengleichung

$$Ax + By + Cz + D = 0 \qquad (5.2).$$

Die Punkte $P_{i,j}$, die eine Sehnenfläche aufspannen, werden so ausgewählt, daß je zwei Punkte auf dem Normalschnitt mit der

stärkeren Krümmung liegen, also hier quer zur Vorschubrichtung, wobei ein Zwischenpunkt ausgelassen wird. <u>Bild
5.11</u> zeigt das Auswahlschema der Dreieckspunkte für die Teilflächenstücke mit Hilfe eines Auswahlprogramms (GINDX).

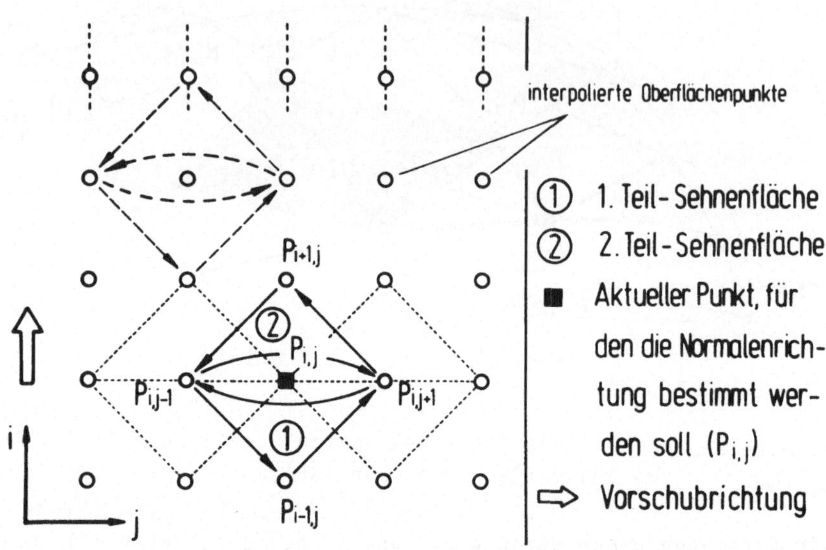

<u>Bild 5.11:</u> Auswahlschema für die Eckpunkte der Sehnenflächen

Der Normalenvektor $\underline{N}_{i,j}$ ergibt sich durch komponentenweise Ad-
dition von $\underline{N}_{i-1,j}$ und $\underline{N}_{i+1,j}$ zu

$$\underline{N}_{i,j} = \begin{bmatrix} A_{i,j} \\ B_{i,j} \\ C_{i,j} \end{bmatrix} = \begin{bmatrix} A_{i-1,j} + A_{i+1,j} \\ B_{i-1,j} + B_{i+1,j} \\ C_{i-1,j} + C_{i+1,j} \end{bmatrix} \tag{5.3}.$$

Dieser resultierende Normalenvektor $\underline{N}_{i,j}$ wird nun willkürlich
dem Punkt $P_{i,j}$ zugeordnet und repräsentiert dort näherungsweise die Normale auf die Tangentialebene.

Die Steuerung des fünfachsigen PHG benötigt numerische Angaben
über den Normalenvektor $\underline{N}_{i,j}$ in Form von Breiten- und Längen-

winkel in Polarkoordinaten (U und V). Nach <u>Bild 5.12</u> ergeben sich als Richtungskosinus des Normalenvektors (NRMVK):

$$\cos \alpha \;=\; \frac{A}{\sqrt{A^2+B^2+C^2}} \;\;;\;\; \cos \gamma \;=\; \frac{C}{\sqrt{A^2+B^2+C^2}} \qquad (5.4).$$

Aus Bild 5.12 folgt unmittelbar

$$\cos U = \cos \gamma \qquad (5.5).$$

Mit $\cos \alpha = \sin U \cos V$

ergibt sich

$$\cos V = \frac{\cos \alpha}{\sqrt{1-\cos^2 \gamma}} \qquad (5.6),$$

und durch Umformung

$$U = \arccos \gamma \;=\; \arctan \frac{\sqrt{A^2+B^2}}{C} \;,$$

$$V = \arccos \frac{\cos \alpha}{\sqrt{1-\cos^2 \gamma}} \;=\; \arctan \frac{B}{A} \;. \qquad (5.7)$$

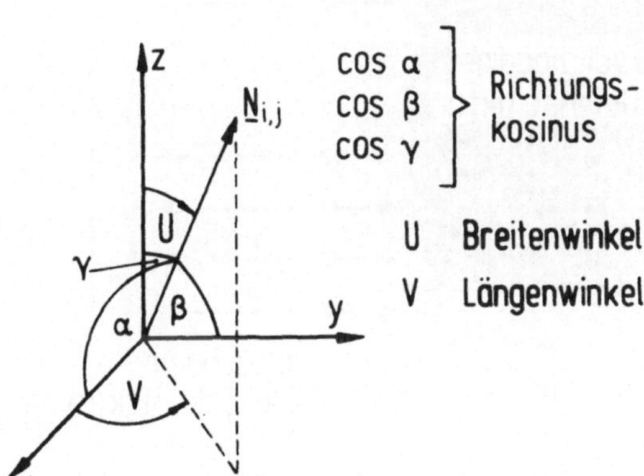

<u>Bild 5.12:</u>
Orientierung des Normalenvektors

Da zur Normalenberechnung jeder Punkt $P_{i,j}$ von vier weiteren Punkten umgeben sein muß, können die Flächennormalen auf der beschriebenen Oberfläche in den Randpunkten in Längs- und Querrichtung nach diesem Verfahren nicht bestimmt werden. Dagegen erhält man im dazwischen liegenden Bereich eine punktdiskrete Flächenbeschreibung jeweils mit den Koordinatenwerten X, Y, Z, U, V im kartesischen raumfesten Koordinatensystem. Am Ende eines Sensor-Meßlaufes liegen demnach

$$\overline{k} = (n'-2) \cdot (m'-2) = \overline{n} \cdot \overline{m} \tag{5.8}$$

Koordinatensätze vor, wobei n' die Anzahl der Meßschnitte und m' die Anzahl der auf jeder Querschnittskurve interpolierten Punkte ist. Damit ist die flächenbeschreibende Datenstruktur für einen Teil der vom Sensorsystem abgetasteten Werkstückoberfläche vollständig. Sie bildet den Ausgangspunkt für alle weiteren Berechnungs- und Auswahlvorgänge bei der Bahnerzeugung für ein PHG. <u>Bild 5.13</u> zeigt die vollständige Datenstruktur als Teilmenge der zu ihrer Erzeugung aufgenommenen und verarbeiteten Meßpunkte.

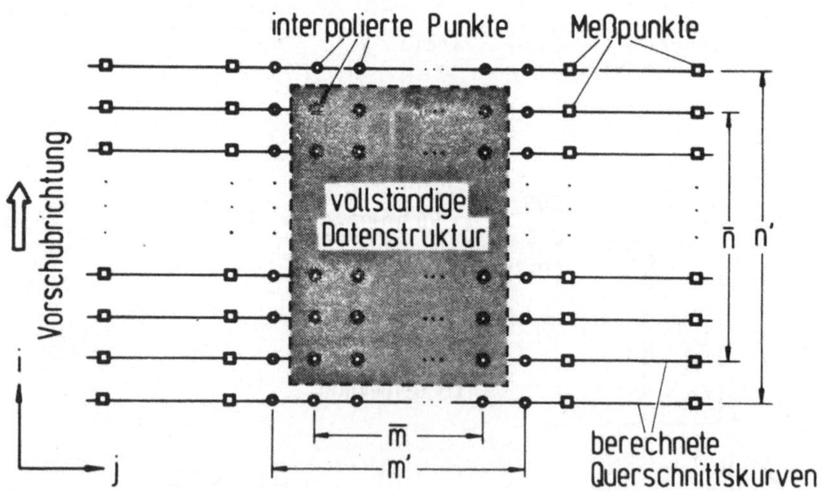

<u>Bild 5.13:</u> Aufbau der vollständigen Datenstruktur

5.2.2.6 Erzeugung von Bewegungsbahnen (NCGEN)

Zur Erzeugung aktueller Werkzeugbewegungsbahnen aus der vorliegenden Flächenbeschreibung ist aufgrund der punktdiskreten Datenstruktur ein relativ einfacher Auswahlalgorithmus ausreichend. Dabei sind von einem Programmbaustein (NCGEN), der aus dem steuernden NC-Programm mit Parametern versorgt wird, Koordinatensätze (X,Y,Z,U,V) aus der Punktevielfalt so auszuwählen, daß die Verbindung der Punkte in einer bestimmten Reihenfolge durch einen Polygonzug das gewünschte Bewegungsmuster ergibt. Dieses Muster hängt vom Bearbeitungsproblem ab und muß vom NC-Programmierer des PHG vorgewählt werden.

Gerade		Mäander	
Dreieck		Sägezahn 1	
modifizierter Mäander		Sägezahn 2	

Bild 5.14: Bewegungsmuster auf der punktdiskret beschriebenen Oberfläche

Die Auswahl diskreter Punkte für ein Bewegungsmuster läßt sich durch Errechnen der Adressen der jeweiligen Punktkoordinaten in einem kontinuierlichen Adreßraum erreichen. Für einige häufig vorkommende Bewegungen ist die Adreßberechnung, d.h., das Auffinden der entsprechenden Ordnungsnummern der Koordinatensätze innerhalb der Datenstruktur, algorithmierbar. <u>Bild 5.14</u> stellt solche Bewegungsmuster dar, die durch Grenzangaben und sonstige Parametrierung auf bestimmte Bereiche der Datenstruktur beschränkt oder im Verlauf modifiziert werden können.

Unter der Voraussetzung, daß die in den vorangegangenen Schritten erzeugte Flächenbeschreibung linear organisiert und im Speicher abgelegt ist, also aus aneinandergereihten Sätzen von Punkten besteht, die zu jeweils einem interpolierten Querschnitt gehören (<u>Bild 5.15</u>), ist die Position eines auszuwählenden Bahnstützpunktes in der Datenstruktur beschrieben durch

$$p(d) = G_0(d) \cdot \bar{m} \cdot \bar{s} + G_1(d) \cdot g_1 + G_2(d) \cdot g_2 + G_3(d) \cdot (g_2 - g_1) \qquad (5.9).$$

Hier sollen $G_0(d)$, $G_1(d)$, $G_2(d)$ und $G_3(d)$ als Auswahlfunktionen bezeichnet werden.

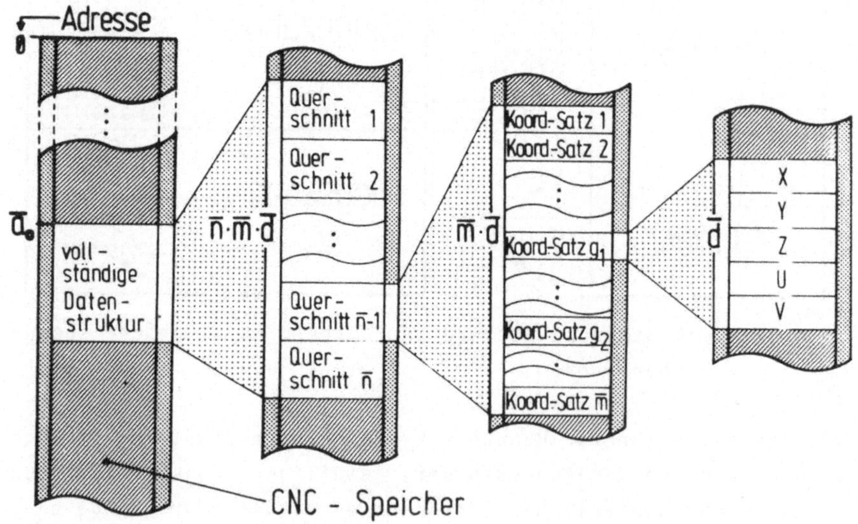

<u>Bild 5.15:</u> Lineare Organisation der flächenbeschreibenden Datenstruktur

Dabei ist in Gleichung (5.9) nach <u>Bild 5.16:</u>

p(d) die Ordnungsnummer des Koordinatensatzes in der Daten-
      struktur, wobei $1 \leq p(d) \leq \overline{k}$;
d   die fortlaufende Nummer des aktuellen Auswahlschrittes,
      wobei $1 \leq d \leq \overline{k}/\overline{s}$;
$\overline{s}$ die Distanz zwischen zwei aufeinanderfolgenden,
      querschnittsbeschreibenden Punktesätzen, aus denen
      Bahnstützpunkte auszuwählen sind, wobei $\overline{s} \leq \overline{n}$;
g_1,g_2 die Positionen (Positionsnummern) von Koordinaten-
      sätzen innerhalb eines Querschnitts, die die untere
      bzw. obere Grenze einer Pendelbewegung quer zur Vor-
      schubrichtung festlegen, wobei $1 \leq g_1 \leq g_2 \leq \overline{m}$.

Aus Gleichung (5.9) ergeben sich durch Vorgabe geeigneter Auswahlfunktionen G(d) die aufeinanderfolgenden Koordinatensatz-
nummern für alle in Bild 5.14 gezeigten Bewegungsmuster. Die
effektive Adressierung der Bahnstützpunkte im Datenspeicher
erfolgt nach der Gleichung

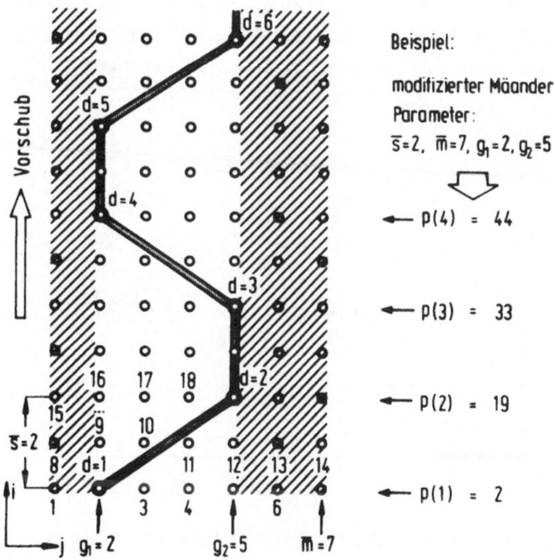

<u>Bild 5.16:</u> Parametrierung des Bahnauswahlalgorithmus

$$\overline{a}(d) = \overline{a}_0 + p(d) \cdot \overline{d} \qquad\qquad (5.10)$$

mit

$\overline{a}_0$ als absolute Anfangsadresse des Koordinatenspeichers,
$\overline{a}(d)$ als absolute Adresse des gefundenen Datensatzes,
$\overline{d}$ als (konstante) Blocklänge für jeden Datensatz.

Vorausgesetzt wird dabei ein Vorschub in Richtung i, also von Querschnitt zu Querschnitt, wie in Bild 5.16 gezeigt.

Die Auswahlfunktionen G(d) zur Festlegung des Bewegungsmusters beschreiben im wesentlichen Schaltfunktionen, die an diskreten Stellen der Datenstruktur die Auswahl von Koordinatensätzen ermöglichen oder unterdrücken. Basisfunktion zur Bildung der Auswahlfunktionen G(d) ist die nicht elementare Ganzzahlfunktion E(x), deren Graph (Treppenkurve) in <u>Bild 5.17</u> angegeben ist. Dabei ist y = E(x) definiert als diejenige größte ganze Zahl y, die das Argument x nicht übersteigt, also als der ganzzahlige Anteil einer rationalen Zahl. E(x) entsteht durch einfaches "Abschneiden" der Dezimalstellen der Zahl x, und damit durch Abrunden auf die nächste ganze Zahl.

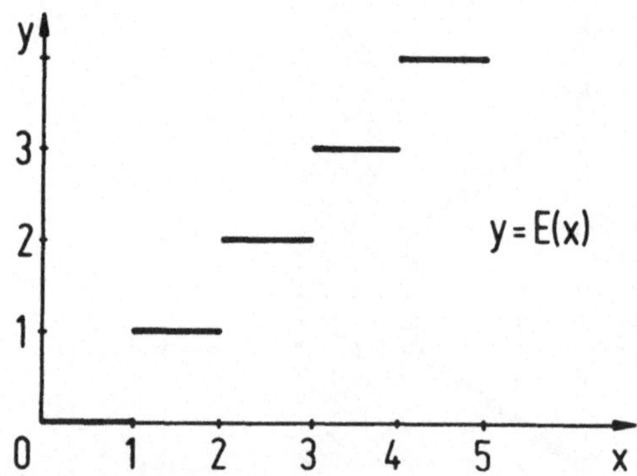

<u>Bild 5.17:</u> Graph der Ganzzahlfunktion (Treppenkurve)

Für die Auswahlfunktionen benötigt man y(x) in Abhängigkeit
von der aktuellen Auswahlschrittnummer d in der allgemeinen
Form

$$y(d) = E\left(\frac{d}{S} + \frac{W}{S} \right) \tag{5.11}.$$

Dabei ist S die Zahl der Schritte in d bis zum nächsten Sprung
von y(d), also die Stufenbreite, und W die Verschiebung der
Funktion entlang der Richtung von d um Bruchteile der Stufenbreite S. S ist vergleichbar mit der Periodendauer, W mit der
Phasenverschiebung bei periodischen elementaren Zeitfunktio-
nen, etwa f(t) = sin (ωt + φ). Für einige Werte von S und W
sind die Graphen der dimensionslosen Funktion y(d) im folgenden Bild 5.18 dargestellt.

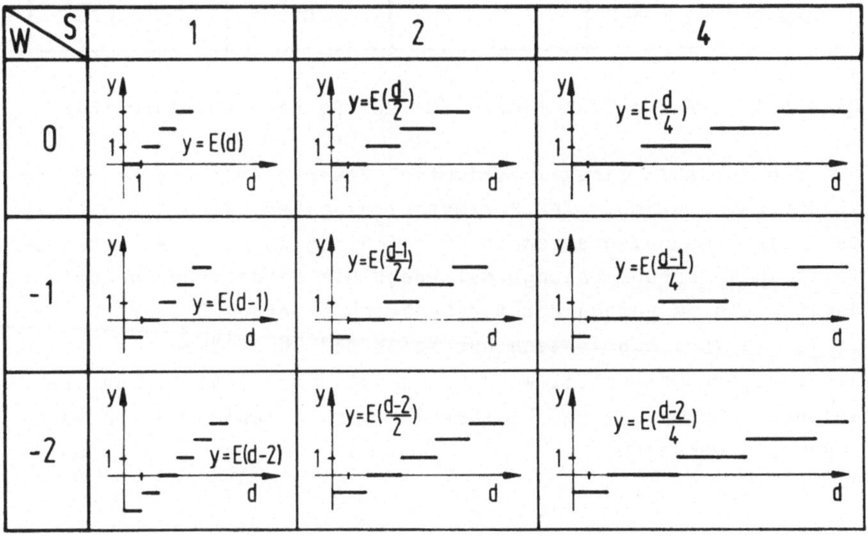

W \ S	1	2	4
0	$y = E(d)$	$y = E\left(\frac{d}{2}\right)$	$y = E\left(\frac{d}{4}\right)$
-1	$y = E(d-1)$	$y = E\left(\frac{d-1}{2}\right)$	$y = E\left(\frac{d-1}{4}\right)$
-2	$y = E(d-2)$	$y = E\left(\frac{d-2}{2}\right)$	$y = E\left(\frac{d-2}{4}\right)$

Bild 5.18: Ganzzahlfunktionen zur Bildung der
            Auswahlfunktionen

Es läßt sich zeigen, daß die gewünschten Auswahlfunktionen
G(d) aus Linearkombinationen der dargestellten Treppen-
funktionen y(d) sowie aus Konstantanteilen entstehen (Bild
5.19).

Auswahlfunktion / Bewegungsmuster	$G_0(d)$	$G_1(d)$	$G_2(d)$	$G_3(d)$
Gerade	$E(d-1)$	1	0	0
Sreieck	$E(d-1)$	$1-E(\frac{d}{2})+E(\frac{d-1}{2})$	$E(\frac{d}{2})-E(\frac{d-1}{2})$	0
modif. Mäander	$E(d-1)$	1	0	$1-E(\frac{d}{4})+E(\frac{d-2}{4})$
Mäander	$E(\frac{d-1}{2})$	1	0	$1-E(\frac{d}{4})+E(\frac{d-2}{4})$
Sägezahn 1	$E(\frac{d-1}{2})$	1	0	$E(\frac{d}{2})-E(\frac{d-1}{2})$
Sägezahn 2	$E(\frac{d}{2})$	1	0	$E(\frac{d}{2})-E(\frac{d-1}{2})$

<u>Bild 5.19:</u> Auswahlfunktionen für den Bahnauswahlalgorithmus

Für die Auswahl eines bestimmten Bewegungsmusters sind im
NC-Programm maximal vier Parameter anzugeben, die die Struktur, die Bewegungsgrenzen in Querrichtung sowie die Schritt-
weite in Vorschubrichtung festlegen. Die Bahnerzeugung beginnt
damit stets am Anfang der flächenbeschreibenden Datenstruktur.
Sollen in Vorschubrichtung nur Teile der Oberfläche mit einem
Bewegungstyp bearbeitet werden, so ist durch Angabe von zwei
weiteren Parametern der Laufbereich der Variablen d entsprechend einzugrenzen.

6 Integration der Sensordatenverarbeitung in die CNC eines programmierbaren Handhabungsgerätes (PHG)

Die im letzten Kapitel entworfene sensorgeführte PHG-Steuerung wurde durch die Integration von Softwarekomponenten in eine vorhandene PHG - CNC aufgebaut und erprobt. Für die Integration anstelle einer separat aufgebauten Lösung für die Sensordatenverarbeitung mit loser Kopplung zur CNC sprach die Tatsache, daß in der CNC freie Rechenzeit und Speicherplatz zur Verfügung standen und sich durch die integrierte Lösung der Schnittstellenaufwand klein halten ließ. Das gefundene Konzept zur Sensorführung läßt sich unter anderen Voraussetzungen jedoch auch unabhängig von der CNC mit einem separaten Rechnersystem realisieren.

Durch die Integration des Sensordatenverarbeitungssystems in die CNC entstehen gewisse Wechselwirkungen auf das Zeitverhalten und den Speicherplatzbedarf in der CNC, deren Einflüsse zu analysieren sind. Unter Beachtung einzelner CNC-Merkmale, insbesondere der NC-Programmierbarkeit, sind Kopplungspunkte und Datenschnittstellen zwischen Sensordatenverarbeitungssystem und CNC- Betriebssystem zu untersuchen.

6.1 Merkmale der CNC

Die vorliegende CNC ist auf der Basis eines Minicomputers (Data General ECLIPSE S/130) als Steuerungsrechner aufgebaut, der mit entsprechender Prozeßperipherie (D/A-Wandler als Schnittstelle zu den Antriebsverstärkern der Handhabungseinrichtung, Digitalein-/ausgaben für Verriegelungssignale) ausgestattet ist. Führungsgrößenerzeugung sowie Lageregelung und sämtliche Verwaltungsfunktionen einschließlich den Funktionen einer Anpaßsteuerung sind durch Softwarebausteine realisiert. Die CNC ist ein Prototyp, entspricht aber in ihrer Struktur und Realisierung im wesentlichen heute üblichen Werkzeugmaschinensteuerungen. <u>Bild 6.1</u> zeigt die CNC-interne Aufgliede-

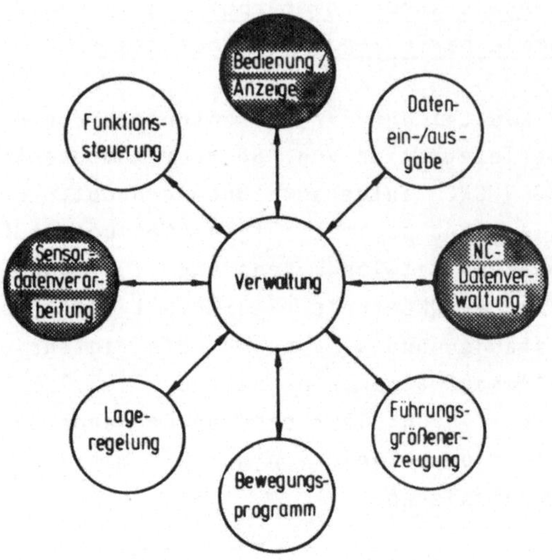

<u>Bild 6.1:</u> Funktionsgruppen der PHG-Steuerung

rung in einzelne Funktionsgruppen. Für die Schnittstelle zur
Sensordatenverarbeitung ist die NC-Datenverwaltung wesentlich.
Anhand von Einrichtungen zur Bedienung und Programmierung des
PHG wird diese näher erläutert.

6.1.1 <u>Programmierbarkeit der CNC (NC-Editor)</u>

Die Bausteine zur Führungsgrößenerzeugung in der Steuerung des
zugrundegelegten PHG verarbeiten Koordinateninformationen eines raumfesten kartesischen Bezugssystems in Form der Koordinatenwerte X, Y, Z sowie Winkelangaben in den Polarkoordinaten
U und V (Längen- und Breitenwinkel). Das kartesische Koordinatensystem entspricht nicht dem natürlichen (zylindrischen) Ma-
schinenkoordinatensystem des gesteuerten PHG. Mit Hilfe entsprechender Transformationsalgorithmen können im Einrichtbetrieb aufgenommene Maschinenkoordinatensätze (Wegmeßsy-
stemwerte) in kartesische Koordinaten umgewandelt und so im
Speicher der CNC abgelegt werden.

Wegen der steuerungsinternen kartesischen Darstellung bestehen direkte Eingabe- und Anzeigemöglichkeiten für solche Koordinatenwerte über die CNC-Bedienkonsole (Bildschirm mit Eingabetastatur). Ein Editierprogramm in der CNC gestattet Eingabe, Änderung, Ausgabe und Protokollierung von Koordinatensätzen, deren Notierung den Konventionen für den Aufbau von NC-Sätzen zur Programmierung numerisch gesteuerter Arbeitsmaschinen nach DIN 66025 /60/ angepaßt ist (<u>Bild 6.2</u>). Als externes Speichermedium für die NC-Satzdaten dient eine Diskettenstation.

Zur Steuerung technologischer, organisatorischer und geometrischer Funktionen in der CNC sind Programmbausteine zur Decodierung und Bearbeitung ausgewählter M- und G-Funktionen vorhanden, deren Bedeutung ebenfalls weitgehend DIN 66025 entspricht.

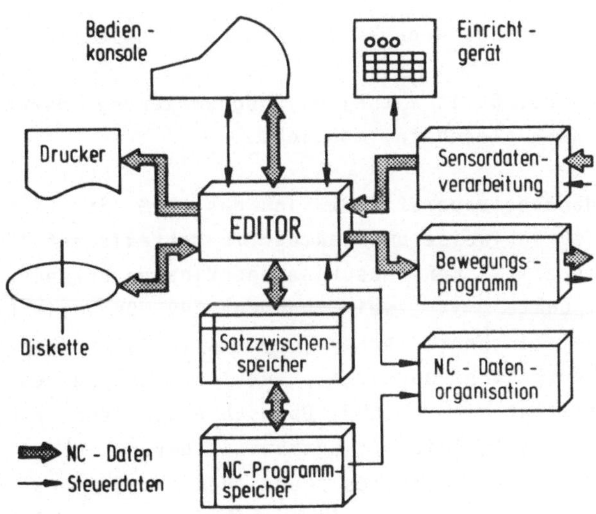

<u>Bild 6.2:</u> Datenverwaltung in der CNC

6.1.2 <u>Einrichtbetrieb</u>

Zum Einrichten und zur Bewegungsprogrammierung für das PHG steht das in <u>Bild 6.3</u> gezeigte Einricht- und Programmiergerät

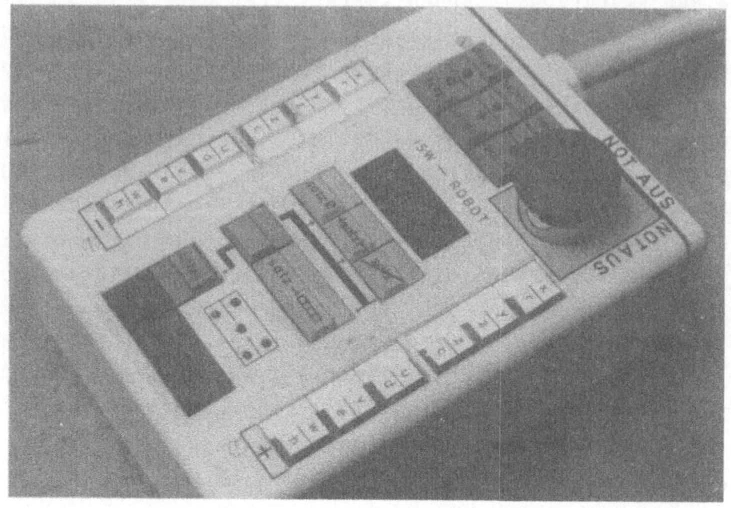

Bild 6.3: Handbediengerät für den Einrichtbetrieb (Teach-In)

zur Verfügung. Damit ist eine Programmierung durch Anfahren und Speichern (Teach-In) möglich.

Mit dem Handbediengerät läßt sich das PHG im Einricht- und Lernbetrieb wahlweise umschaltbar in kartesischen Koordinaten oder achsspezifischen Maschinenkoordinaten bewegen. Angefahrene Raumpunkte mit zwei zugeordneten Orientierungswinkeln werden stets in kartesischer Form als vollständige NC-Sätze im Koordinatenspeicher abgelegt. Eine Tastengruppe des Bediengerätes gestattet ein Löschen, Überschreiben oder Einfügen von NC-Sätzen im Satzspeicher, unabhängig davon, ob diese Sätze mit Hilfe des Bediengerätes oder des NC-Editors eingegeben wurden. Der NC-Editor übernimmt auch im Einrichtbetrieb die gesamte Bearbeitung und Verwaltung der bewegungsbeschreibenden NC-Daten.

Damit bietet sich das Editierprogramm als zentrale NC-Datenverwaltung auch zur Übernahme der aus Sensordaten erzeugten

Programme an, die dadurch, wie in Bild 6.2 bereits angedeutet, auf die gleiche Stufe gestellt werden wie von außen vorgegebene oder im Einrichtbetrieb erstellte Programme.

6.2 Kopplung zwischen CNC- und Sensordatenverarbeitungs- funktionen

Zum Anschluß der Sensordatenverarbeitung war die PHG-CNC um Hard- und Softwarebausteine zur Meßdatenerfassung sowie um Programmteile zur Ablaufsteuerung zu erweitern.

6.2.1 Erfassung und Aufbereitung der Sensormeßwerte

Die in Bild 5.2 gezeigten linearen Wegaufnehmer (LVDT) liefern nach Signalverstärkung und -demodulation Ausgangssignale von ± 5 V Gleichspannung. Diese werden von einem mehrkanaligen Datenerfassungsmodul aufgenommen, der in den Zentralprozessorrahmen des Steuerungsrechners eingeschoben ist. Der Analog/Digitalwandlermodul formt je einen Sensormeßwert in ca. 30 µs in ein 12-bit-Digitalwort um und speichert dieses in einem der Sensordatenverarbeitung zugeordneten Datenbereich des CNC-Betriebssystems.

Die von den Sensoren gelieferten Spannungen unterliegen Schwankungen durch Verstärkungsänderungen sowie Drifterscheinungen, insbesondere aufgrund von Temperatureinflüssen. Um die Meßeinrichtung im Bedarfsfall rasch neu kalibrieren zu können, wurde ein Abgleichprogramm in die PHG-CNC eingebaut, das über Bildschirmdialog parametrierbar ist. Es fordert den Bediener nacheinander zum Antasten zweier fester mechanischer Referenzanschläge mit dem Sensorkamm auf und übernimmt dabei jeweils die aktuellen Meßwerte aller angeschlossenen Fühler. Aus den je zwei Meßwertpaaren (mechanische Auslenkung und Ausgangsspannung) lassen sich die Fühlerkennliniengleichungen errechnen. Ihre Steigungen sind die aktuellen Verstärkungsfaktoren, die auf die gewünschte Einheit mm/Inkrement normiert werden, die Achsenabschnitte geben direkt den Offsetwert in mm an. Nach diesem Kalibriervorgang werden während der nachfolgenden Sensormeßläufe alle aufgenommenen Sensordaten mit den so ermittelten Faktoren bewertet.

6.2.2 Organisation der Sensordatenverarbeitungsfunktionen innerhalb des CNC-Softwaresystems

Zur Integration der Sensordatenverarbeitungsfunktionen in das CNC-Betriebssystem des PHG waren am Betriebssystem selbst nur dort Änderungen durchzuführen, wo eine Synchronisation der Sensordatenverarbeitung mit dem Echtzeitablauf der CNC erforderlich ist, also zur Erfassung der Sensormeßwerte und zur weiteren Ablaufsteuerung. Außerdem war die Schnittstelle zum NC-Editor so zu modifizieren, daß über ihn das Bahngenerierungsprogramm Zugriff auf den NC-Datenspeicher erhielt.

6.2.2.1 Aufruf der Sensordatenverarbeitung

Die Kommunikation zwischen den Betriebssystemteilen "CNC" und "Sensordatenverarbeitung" läuft im wesentlichen auf der Ebene von NC-Sätzen ab. Geometrische Daten, d.h., Koordinateninformationen werden unter den Adreßbuchstaben X, Y, Z, U, V im NC-Programmspeicher übergeben. Die Ablaufsteuerung der Sensordatenverarbeitung wird ebenfalls über NC-Sätze abgewickelt.

Zur Decodierung der dazu im Bewegungssteuerprogramm eingefügten Wegbedingungen (G-Funktionen) und Schaltbedingungen (M-Funktionen) sowie verschiedener ablaufmodifizierender Parameter wurden in das CNC-Betriebssystem zusätzliche Programmteile eingebunden. Es handelt sich dabei um Bausteine zur Bearbeitung der in Bild 6.4 zusammengestellten Funktionen und Parameter.

Funktionsgruppe	Code	Bedeutung	Bemerkung
Sensordaten-verarbeitung	G25	Beginn der Meßdatenverarbeitung	
	G26	Ende der Meßdatenverarbeitung	
	G36	Unterprogrammgenerierung	[1]zusammen mit T,I,J,K
Werkzeug-korrekturen	G40	Werkzeugkorrekturspeicher inaktiv	
	G46	Werkzeugkorrekturspeicher aktiv	
Unterprogramm	M90	Unterprogrammsprung	[2]zusammen mit T
	M99	Unterprogrammrücksprung	
Steuer-parameter	Tv	Bahntyp[1] oder Unterprogrammnummer[2]	vgl. 5.2.2.6 (Bild 5.16)
	Iv	Schrittweite s	
	Jv	unterer Grenzindex g_1	
	Kv	oberer Grenzindex g_2	

<u>Bild 6.4:</u> Programmierbare NC-Funktionen zur Sensordaten-
verarbeitung

Zur Codierung der Funktionen wurden in DIN 66025 frei verfüg-
bare Positionen gewählt. Für beliebige CNC-Systeme mit ähnli-
cher NC-Datenstruktur können leicht andere M- und G-Codes und
Parameteradressen verwendet werden.

6.2.2.2 <u>Übergabe von NC-Sätzen (Datenschnittstelle)</u>

Die Sensordatenverarbeitungsprogramme legen die oberflächenbeschreibende Datenstruktur in Form von kartesischen Koordinaten mit zwei zugeordneten Raumwinkeln in einem reservier-
ten CNC-Speicherbereich ab. Beim Erzeugen eines aktuellen Bewegungsmusters (mit G36 und bahnbeschreibenden Parametern T,I,
J,K) werden ausgewählte Koordinatensätze zu vollständigen
NC-Sätzen ergänzt und in den NC-Datenspeicher der Steuerung
übertragen. Dazu sind einzelne Funktionen des normalen NC-Editors in der CNC über zusätzlich geschaffene Nebeneingänge als
Unterprogramme anzusprechen.

Die so erzeugten NC-Programme sind mit einer festgelegten Programmnummer versehen und können aus einem vorgegebenen NC-Hauptprogramm, das den gesamten Meß- und Bearbeitungslauf des PHG steuert, über M90 und Angabe der Programmnummer v = 24 mit dem Parameter T24 als NC-Unterprogramme aufgerufen werden. Dabei wird die zuletzt im Hauptprogramm vorgegebene Vorschubgeschwindigkeit beibehalten. Die Umschaltung auf andere Werkzeugkorrekturwerte zur Modifikation des generierten NC-Unterprogramms (z.B. zur Berücksichtigung von Korrekturwinkeln oder zum Wechsel von Sensorkamm auf Bearbeitungswerkzeug) geschieht ebenfalls im aufrufenden NC-Satz des Hauptprogramms. Das generierte NC-Unterprogramm enthält stets in seinem letzten Satz die Funktion M99 (Unterprogrammrücksprung).

Die Ausführung der durch die Verarbeitung aufgenommener Sensordaten erzeugten NC-Programme unterscheidet sich somit nicht von beliebigen anderen vorgegebenen NC-Programmabläufen. Man kann in diesem Falle die Sensordatenverarbeitungsbausteine als NC-Programmgeneriersystem betrachten, das konkurrierend zu anderen Eingabemedien (Tastatur oder externe Datenträger) den Bewegungsprogrammspeicher der CNC während der Ausführung des NC-Steuerprogramms mit aufrufbaren aktuellen NC-Unterprogrammen versorgt.

6.3 Wechselwirkungen zwischen Sensordatenverarbeitungssystem und CNC

Zwischen den Sensordatenverarbeitungskomponenten und dem Betriebsprogramm der PHG-CNC bestehen aufgrund der realisierten integrierten Lösung einige Wechselwirkungen, besonders im Hinblick auf Zeitaufwand und Speicherplatzverteilung, die hier diskutiert werden sollen.

6.3.1 Bahngeschwindigkeit und Meßraster

Bei der Abtastung der Werkstückoberfläche im ersten Meßlauf werden die räumlichen Distanzen der Meßdatensätze durch ihren zeitlichen Abstand vorgegeben, was bei konstanter Bahngeschwindigkeit der PHG-Bewegung auch annähernd gleiche Meßabstände auf der durchlaufenen Trajektorie zur Folge hat. Der Meßtakt wird als ganzzahliges Vielfaches aus der Abtastzeit der diskreten Lageregelkreise des PHG abgeleitet. Dabei gibt der Multiplikationsfaktor

$$\lambda = E\left[\frac{s}{T_{AB} \cdot u_B} + 1\right] \tag{6.1}$$

die Zahl der Lageregelzyklen zwischen den einzelnen Meßschnitten an. Wegen des endlichen Zeitaufwandes für die Führungsgrößenerzeugung und Lageregelung im selben CNC-Prozessor steht in jedem Zyklus aber nur ein Bruchteil T_{REST} der Abtastzeit T_{AB} für die Sensordatenverarbeitung zur Verfügung. Im Mittel benötigt diese zur Signalauswertung und zur Erzeugung der Flächenbeschreibung eine bestimmte Zeit T_{SDV}, wobei die Forderung besteht:

$$T_{SDV} \leq \lambda \cdot T_{REST} \tag{6.2}.$$

Wie aus Gleichung (6.1) zu ersehen ist, beeinflussen neben der (unveränderbaren) Abtastzeit T_{AB} die Bahngeschwindigkeit u_B und der gewünschte Meßabstand s (Bild 4.12) den Faktor λ. Muß aus geometrischen Gründen, z.B. zur Erzielung einer hinreichend fein aufgelösten punktweisen Flächenbeschreibung, s fest vorgegeben werden, so ergibt sich die während des Meßlaufes maximal zulässige Bahngeschwindigkeit u_B nach der Grenzkurve in Bild 6.5. Die PHG-Steuerung würde in diesem Falle eine eventuell zu hoch programmierte Bahngeschwindigkeit für den Meßlauf selbsttätig im erforderlichen Maße reduzieren ($u_{B\,mod}$, ①).

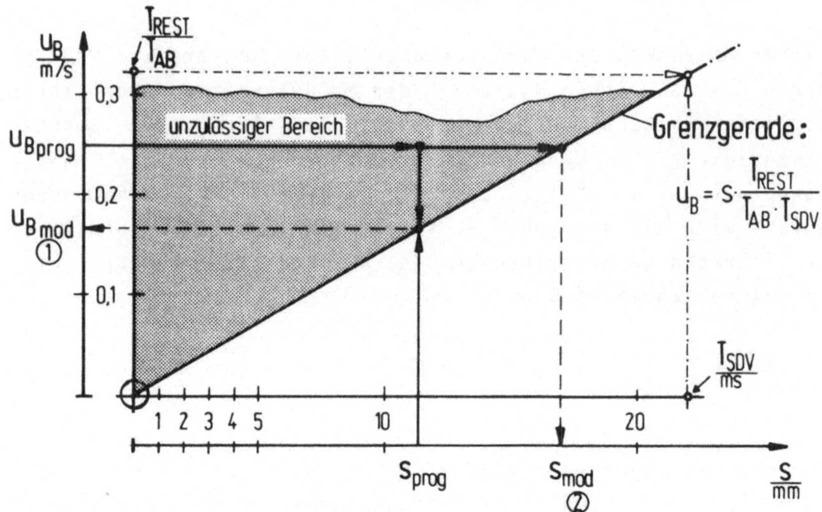

Bild 6.5: Bahngeschwindigkeit und Meßraster
(Beispiel: $T_{REST}=0,33 \cdot T_{AB}$, $T_{SDV}=22ms$)

Im zugrundegelegten Einsatzfall wird umgekehrt von einer stets konstanten (programmierten) Bahngeschwindigkeit u_B ausgegangen und die Zahl der zur Sensordatenverarbeitung benötigten Lageregelzyklen bei Bedarf entsprechend vergrößert (s_{mod},②). Dadurch ergeben sich gewisse Schwankungen im Meßraster, die aber nicht wesentlich in die Genauigkeit der Flächenbeschreibung eingehen und deshalb vernachlässigt werden können.

Zur Wahl der beiden Meßlaufparameter u_B und s sind also für ein vorliegendes System zunächst die Zeiten T_{AB} und T_{REST} sowie T_{SDV} und daraus die Maßstäbe in Bild 6.5 zu ermitteln. Damit lassen sich dann leicht zulässige Paarungen von u_B und s ablesen.

6.3.2 Einfluß des Schleppabstandes

Bei einem lagegeregelten PHG tritt während der Bewegung prinzipiell ein Schleppabstand zwischen der von der Führungsgrößenerzeugung errechneten jeweiligen Sollposition und der tatsächlichen Istposition auf. Dieser Schleppfehler ist regelungstechnisch bedingt. Da zum Zeitpunkt der Aufnahme von Sensormeßdaten der Wertesatz einer bestimmten räumlichen Position des PHG zugeordnet werden muß, ist die Frage zu klären, ob zur Festlegung der aktuellen Meßposition zweckmäßigerweise die Soll- oder Istwerte der PHG-Achsen zu übernehmen sind.

Die Aufnahme der Istpositionen gestattet eine eindeutige Zuordnung der Sensormeßwerte zu realen Oberflächenpunkten des vermessenen Werkstücks. Im Laufe der folgenden Sensordatenverarbeitung werden daraus neue interpolierte Punkte für die Führung des PHG erzeugt, die wiederum als Sollwerte ausgegeben werden und während der Bewegung in abweichenden Istwerten resultieren. Nach diesem Verfahren ist es somit bei endlichem Schleppfehler prinzipiell nicht möglich, einen interpolierten Punkt, der beispielsweise theoretisch (rechnerisch) mit einem gemessenen Punkt zusammenfällt, praktisch auch exakt in der Position zu reproduzieren. Der Schleppfehler ist in seiner Größe geschwindigkeitsabhängig und wirkt sich bei dem beschriebenen Verfahren immer als Positionsfehler aus.

Werden hingegen mit jedem Meßdatensatz die Positionssollwerte des PHG aufgenommen, so geht aufgrund des Schleppfehlers die exakte Zuordnung zwischen Meßort und Meßwert verloren. Gibt man die von der Sensordatenverarbeitung ermittelten Punkte jedoch gleichfalls wieder als Bewegungs-Sollwerte aus, so läßt sich der Einfluß des Schleppfehlers theoretisch dann völlig kompensieren, wenn Meßlauf und Bearbeitungsbewegung mit derselben Bahngeschwindigkeit ablaufen. Die während der Messung gewissermaßen "an falschen Stellen" aufgenommene Flächenbeschreibung wird bei der Reproduktion in gleicher Weise "falsch" in Flächenpunkte umgesetzt. Theoretisch bedingte Positionsfehler treten hierbei erst bei abweichenden Geschwindigkeiten von Meß- und Bearbeitungslauf auf. Für den vorliegenden Anwendungsfall wurde das letztgenannte Verfahren eingesetzt, da beide Geschwindigkeiten in der gleichen Größenordnung (100 mm/s) liegen und sich so geringere Fehler erwarten ließen.

6.3.3 Einfluß der Rechenzeit auf die Speicherbelastung

Sollen die im Meßlauf aufgenommenen Sensordaten während der Bewegung sofort mit Hilfe des CNC-Prozessors in eine Flächenbeschreibung umgesetzt werden, so muß dazu in jedem Abtastzyklus ein hinreichend großer Teil T_{REST} der Abtastzeit T_{AB} verfügbar sein, um zu relativ kurzen Schnittabständen s zu kommen.

Unabhängigkeit von T_{REST} besteht nur dann, wenn innerhalb eines Abtastzyklus lediglich Meßwerte von der Werkstückoberfläche aufgenommen werden müssen, die zwischengespeichert und danach quasi "off line" verarbeitet werden können. Ein Nachteil eines solchen Vorgehens ist ein höherer Verwaltungsaufwand im Sensordatenverarbeitungssystem für die aufgenommenen Meßdaten, da noch während der Verarbeitung eingetroffener Meßdaten neue Werte aufzunehmen sind, deren Verarbeitungszeitpunkt sich mehr oder weniger weit vom Aufnahmezeitpunkt entfernen kann. Daher sind zu jedem Datensatz auch die zugehörigen Ortskoordinaten des Sensorsystems abzulegen, die nach Transformation der endgültigen Flächenbeschreibungselemente in das Raumkoordinatensystem wieder verworfen werden können. Daraus resultiert je nach Stützpunktanzahl sowie Anzahl auf einem Querschnitt in-

Meßdatenerfassung und Aufbereitung	0,6 ms
Berechnung von Ausgleichskreisen	2,9 ms
Koordinatentransformation	3,5 ms
Vollständige Flächenbeschreibung	12,8 ms
Zeit für 1 Meßdatensatz T_{SDV}	19,8 ms
Abtastperiode T_{AB}	12,0 ms
Durchschnittliche Wartezeit T_{REST}	4,5 ms

Bild 6.6: Programmlaufzeiten der Sensordatenverarbeitung

terpolierter Punkte ein höherer dynamischer Speicherplatzbedarf im Steuerungsrechner als bei einer sofortigen Aufarbeitung aller zu einem Meßdatensatz gehörender Meßwerte vor Eintreffen eines neuen Meßwertesatzes.

Im letzteren Falle, der praktisch erprobt wurde, ergaben sich die in <u>Bild 6.6</u> zusammengestellten Zeiten für die einzelnen Programmteile der Sensordatenverarbeitung.

6.3.4 <u>Speicherplatzverteilung im CNC-Rechner</u>

Die NC-Speicherverwaltung der PHG-CNC wurde so geändert, daß der bisherige reine NC-Speicherbereich in zwei Datenfelder aufgeteilt ist, von denen das den NC-Daten zugeordnete Feld

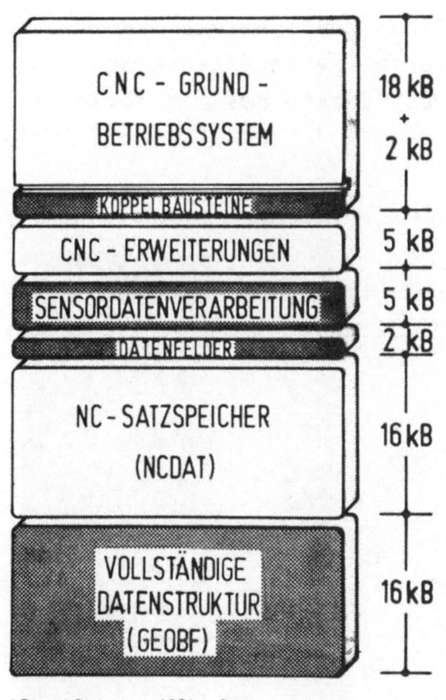

<u>Bild 6.7:</u>
Speicherplatzverteilung
im CNC-Rechner

sowohl ein NC-Steuerprogramm für den Sensormeßlauf als auch
die im Laufe der Sensordatenverarbeitung generierten NC-Sätze
aufnehmen kann. Das zweite Datenfeld nimmt die durch die Sensordatenverarbeitung aufgebaute flächenbeschreibende interne
Datenstruktur auf. In der modifizierten Steuerung ergibt sich
die in <u>Bild 6.7</u> gezeigte Aufteilung des Gesamtspeichers (Betriebssystem + NC-Daten) von 64 kByte. Die Speichergrenze zwischen NC-Daten und flächenbeschreibender Datenstruktur ist
flexibel gehalten und kann über einen Parameter bei der Inbe-
triebnahme des PHG leicht verändert werden. Somit ist je nach
Anwendungsfall eine Verschiebung des Speicherplatzangebotes
zugunsten der NC-Daten oder der Flächenbeschreibung möglich.

6.4 <u>Anwendungsbeispiel für die integrierte Sensordaten-
verarbeitung</u>

Am Beispiel des in <u>Bild 6.8</u> gezeigten fünfachsigen PHG mit der
zugehörigen CNC wurde die integrierte Sensordatenverarbeitung
praktisch erprobt. Als Testwerkstück diente das in Bild 4.1
dargestellte Karosserieblech.

<u>Bild 6.8:</u> Fünfachsiges PHG (Industrieroboter) mit CNC

6.4.1 Einrichten des Bewegungsprogramms

Als vorbereitende Arbeit ist zunächst die Sensoreinrichtung nach Einschalten der Gesamtanlage zu kalibrieren, wie weiter oben beschrieben. Anschließend muß für einen neuen Werkstücktyp einmal mit Hilfe des Handbediengerätes (Bild 6.3) ein grobes Bewegungsprogramm erstellt werden. In Bild 6.9 sind dazu auf dem Werkstück gewählte Bahnstützpunkte markiert. Die Punkte müssen lediglich so ausgesucht werden, daß bei einer linear interpolierten Bahnbewegung des PHG der Sensorkamm an keiner Stelle der Werkstückoberfläche außerhalb seines Meßbereiches gerät.

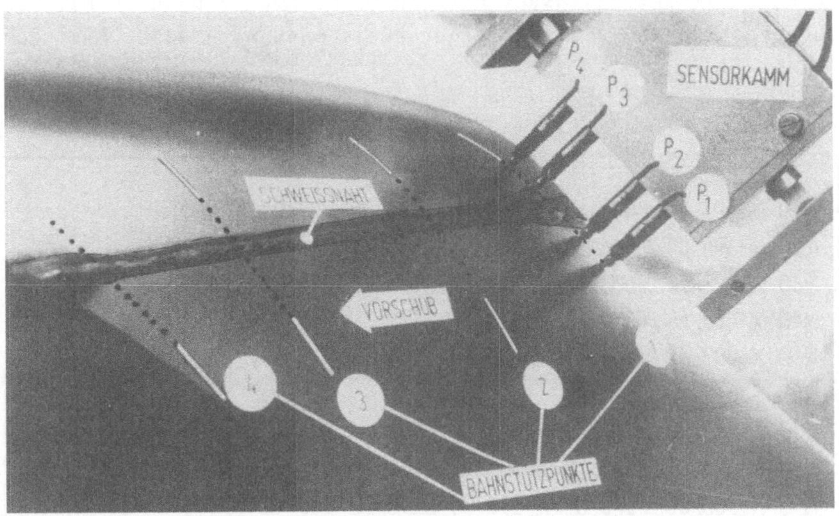

Bild 6.9: Bahnstützpunkte für den Sensormeßlauf

Das eingerichtete Bewegungsprogramm über dem Werkstück (Meßpolygonzug) ist nun mit weiteren Bahnpunkten zu versehen, die als Bewegungsanfangs- und endpunkte, Rückzugspositionen oder Werkzeugwechselstellungen u.ä. dienen. Solche Punkte können ebenfalls durch Anfahren und Speichern direkt oder über entsprechende Koordinatenvorgabe im Editierprogramm eingegeben werden. Der letzte Bewegungssatz im Programm wird so gewählt, daß das PHG nach Abschluß seiner Arbeit in eine Anfangsstellung zurückfährt. Damit ist das grobe erste Bewegungsprogramm für einen speziellen Bearbeitungsvorgang fertig.

6.4.2 Programmierung der Steueranweisungen

Das Bewegungsprogramm ist anschließend mit dem Editor weiter zu bearbeiten, um das gesamte Steuerprogramm für einen Arbeitsablauf zu erzeugen, wie in Bild 6. 10 aufgelistet. Insbesondere sind die Bahnpunkte (=NC-Sätze) zu markieren, zwischen denen mit Hilfe der Sensordaten eine Flächenbeschreibung und Bahngenerierung gewünscht wird (N30 und N60 in Bild 6.10). Dazu werden den NC- Sätzen Steueranweisungen nach Bild 6.4 zum

```
N10 X-793. 54 Y530. 58 Z-305. 18 U170. 99 V27. 07 F100 G40$
N20 X-596. 49 Y554. 36 Z-367. 31 U166. 11 V64. 38 F60$
N30 X-492. 51 Y608. 09 Z-338. 82 U171. 05 V24. 65 F30 G25$
N40 X-453. 68 Y624. 12 Z-328. 57 U171. 11 V19. 39$
N50 X-402. 49 Y653. 83 Z-322. 80 U171. 14 V15. 90$
N60 G26$
N70 Z-278. 90 F100 G36 I1 J1 K1 T1$
N80 X-793. 54 Y530. 58 Z-305. 18 U170. 99 V27. 07$
N90 X-500. 00 Y570. 00 Z-350. 00 U170. 00 V60. 00 F50 G43 T24 M90$
N100 X-402. 39 Y653. 83 Z-278. 90 U171. 14 V15. 90 F100 G40$
N110 X-793. 54 Y530. 58 Z-305. 18 U170. 99 V27. 07 F100 M30$
```

Bild 6.10: NC-Steuerprogramm für den Sensordaten-
verarbeitungslauf

Ein- und Ausschalten des Meßlaufes (G25/G26) angefügt. In einem der Ausschaltanweisung folgenden Satz (N70) sind die Parameter für die Bahngenerierung (T,I,J,K) zusammen mit der Generieranweisung (G36) notiert. Später läuft während des Anfahrens einer Startposition für die generierten Bahnen die Unterprogrammgenerierung durch Auswahl des parametrierten Punktemusters aus der vollständigen Flächenbeschreibung in der CNC ab.

Das ausgewählte Programm mit der festgelegten Programmnummer T24 wird mit Bahngeschwindigkeitsangabe (F) und eventuell mit Werkzeugkorrekturparametern (G40/G43) versehen und durch den Unterprogrammaufruf (M90) gestartet (N90). Der Rücksprung aus dem Unterprogramm erfolgt später durch den im generierten Programm am Ende stehenden Rücksprungaufruf (M99). Der folgende Satz (N100) beschreibt eine Rückzugsposition am Ende der erzeugten Bahn und dient dazu, das Werkzeug definiert außer Eingriff zu bringen. Anschließend kann eine Bewegung zu einer neuen Startposition erfolgen und dabei eine neue Werkzeugbahn parametriert und damit ausgewählt werden (N110). Sind alle generierten Unterprogramme abgearbeitet, so läuft das Steuerprogramm auf eine Endeanweisung (M30), die je nach Betriebsart der CNC ein Stillsetzen der Anlage oder einen Fortstart durch periphere Verriegelungssignale im Automatikbetrieb bewirkt.

6.4.3 Erzeugte NC-Unterprogramme

Das oben beschriebene Steuerprogramm (Bild 6.10) generiert mit der angegebenen Parametrierung aus einem Meßlauf eine parallele Werkzeugbahn links von der Schweißnaht in Form eines aufrufbaren Unterprogramms, wie es im Bild 6.11 aufgelistet ist. Es ist deutlich zu erkennen, daß sich der Verlauf der erzeugten Winkel U und V gegenüber den programmierten Werten in Bild 6. 10 an die Normalenrichtung auf der Oberfläche angepaßt hat. Der Schnittabstand s war im angegebenen Beispiel auf 20 mm parametriert und läßt sich aus den entsprechenden Inkrementen in X, Y und Z in dieser Größe berechnen.

```
N1  X-557.69 Y565.76 Z-353.97 U155.00 V60.79§
N2  X-541.94 Y573.63 Z-349.07 U160.46 V58.98§
N3  X-526.21 Y581.62 Z-344.45 U162.28 V55.97§
N4  X-510.48 Y589.71 Z-340.04 U163.82 V52.28§
N5  X-494.75 Y597.88 Z-335.91 U165.16 V47.20§
N6  X-478.35 Y606.37 Z-332.38 U166.59 V39.28§
N7  X-461.22 Y615.11 Z-329.07 U169.16 V32.43§
N8  X-444.06 Y623.88 Z-326.04 U170.23 V27.01§
N9  X-426.88 Y632.66 Z-323.07 U170.95 V18.63§
N10 X-409.67 Y641.45 Z-320.33 U170.69 V6.43§
N11 M99§
```

<u>Bild 6.11:</u>   Erzeugtes NC-Unterprogramm

Die in der CNC abgelegte Flächenbeschreibung besteht im Beispiel aus ingesamt drei Punkten pro Querschnitt bei zehn Quer-
schnitten über der Schweißnaht und damit aus 30 Koordinatensätzen. Aus diesen werden durch die Parametrierung I2, J2
oder I3, J3 zwei weitere parallele Bahnen auf der Schweißnaht
und rechts davon ausgewählt, die ebenfalls als Bearbeitungs-
programme heranzuziehen sind.

7 Zusammenfassung und Ausblick

Taktile Sensoren gewinnen zunehmend an Bedeutung für eine feinfühligere Steuerung von Handhabungseinrichtungen. Dabei erschließen sie vor allem bei räumlichen Problemen Anwendungsbereiche, die bislang mit Hilfe visueller Sensorsysteme nur unzureichend genau oder mit sehr hohem Verarbeitungsaufwand für die Sensordaten bearbeitet werden konnten.

Während gegenwärtig die Mehrzahl taktiler Sensorsysteme noch relativ einfache Überwachungs- oder Erkennungsaufgaben ausführt, wird in der vorliegenden Arbeit ein System zur geometrischen Datenverarbeitung taktil aufgenommener Meßwerte vorgestellt.

Ziel der Arbeit war es, zunächst einen Überblick über taktile Sensoreinrichtungen und die zugehörigen sensorgeführten Steuerungen zu geben und daran anschließend für zwei Bereiche der Geometriedatenverarbeitung in Steuerungen, nämlich die Werkstück- und die Werkzeugbahn-Beschreibung, Lösungskonzepte und Realisierungen aufzuzeigen, die unter Bezug auf definierte NC-Datenschnittstellen übertragbar sind. Am Beispiel eines numerisch gesteuerten programmierbaren Handhabungsgerätes (PHG) konnte die Integrierbarkeit eines ausgewählten Konzeptes in eine vorhandene CNC nachgewiesen werden.

Um das entwickelte System in der Fertigung einsetzen zu können, ist es noch um weitere Funktionen zur Anpassung an technologische Gegebenheiten, etwa nachgiebige Werkzeuge mit unterschiedlichen, eventuell variablen Korrekturparametern oder mit entsprechenden Korrekturalgorithmen zu ergänzen.

Die geometrische Sensordatenverarbeitung kann insbesondere durch Hinzufügen von Bausteinen zur selbsttätigen Bahnverfolgung den Aufwand für die bislang erforderliche Erstellung einer grob vorgegebenen Bewegungsbahn für einen bestimmten Werkstücktyp reduzieren und damit die Einsatzflexibilität einer sensorgeführten Handhabungseinrichtung weiter erhöhen.

Ziel weitergehender Entwicklungen sollte sein, zum einen den Einrichtvorgang auf die Vorgabe von Startpunkten und Zielangaben zu beschränken und damit eine weitgehend automatische Programmierung der sensorgeführten Handhabungseinrichtung zu erreichen.

Durch weitere Sensor-Meßläufe auf bereits generierten Werkzeugbahnen ist zum anderen eine Verfolgung des Fortschritts einer Bearbeitung und damit letztlich eine Qualitätskontrolle in die Steuerung der sensorgeführten Handhabungseinrichtung integrierbar.

Schrifttum

/1/ Warnecke, H.J.   Industrieroboter. Buchreihe "Pro-
    Schraft,R.D.   duktionstechnik heute". Band 4.
                       Mainz: Krausskopf 1973

/2/ Keppeler, M.   Führungsgrößenerzeugung für Handha-
                       bungssysteme zur Reduzierung des
                       kinematischen Fehlers.
                       HGF-Kurzberichte (Lose-Blatt-
                       Sammlung) Blatt 80/6
                       Essen: Girardet 1980

/3/ Gleason, G.   A Modular Vision System for Sensor-
    Agin, G.   Controlled Manipulation and Inspec-
                       tion.
                       SRI Technical Note 178.
                       Menlo Park, Cal.: Stanford Research
                       Institute 1979

/4/ Kleinwächter,H.   The Anthropomorphous Machine Syntel-
                       mann in Atomic Energy and Space
                       Research.
                       Proceedings of the 2nd International
                       Symposium on Industrial Robots.
                       Chicago: IITRI 1972, S. 101 ... 110

/5/ Schweizer, M.   Taktile Sensoren für programmierbare
                       Handhabungsgeräte. Schriftenreihe
                       "Forschung und Praxis".
                       Mainz: Krausskopf 1978

/6/ Schmieder, L.   Kraft-Momenten-Fühler.
                       Sonderdruck aus Fertigung 6/78.
                       Bern: Verlag Technische Rundschau
                       (Hallwag) 1978

/7/   Stute, G.   Neue Entwicklungen in der Steue-
      Erne, H.   rungstechnik für Handhabungssysteme.
                       wt - Z. ind. Fertig. 70 (1980) Nr. 8,
                       S. 505 ... 509

/8/   Stute, G.   The Control Design of an Industrial
      Erne, H.   Robot with Advanced Tactile Sensitivity.
                       Proceedings of the 9th International
                       Symposium on Industrial Robots.
                       Dearborn: SME 1979, S. 519 ... 526

/9/   Binford, T.O.   Sensor Systems for Manipulation.
                       Proceedings of the 1st National
                       Conference on Remotely Manned Systems
                       - Exploration and Operation in Space.
                       Pasadena, Cal.: NASA 1972, S. 283 .. 291

/10/ Ellis, G.W.   Piezoelectric Micromanipulators.
                       Science 138 (1962), S. 84 ... 91

/11/ Umetani, Y.   Principle of a Piezoelectric Micro-
                       manipulator with Tactile Sensibility.
                       Proceedings of the 8th International
                       Symposium on Industrial Robots.
                       Kempston, Bedford: IFS Ltd. 1979,
                       S. 406 ... 413

/12/ Wang, S.S.   Sensors for Computer Controlled
      Will, P.M.   Mechanical Assembly.
                       The Industrial Robot 5 (1978) Nr. 1,
                       S. 9 ... 18

/13/ Briot, M.   The Utilization of an "Artificial
                       Skin"-Sensor for the Identifikation
                       of Solid Objects.
                       Proceedings of the 9th International
                       Symposium on Industrial Robots.
                       Dearborn: SME 1979, S.529 ... 537

/14/ Bollinger, J.G.   Computer Controlled Self Programming
      Ramsey, P.W.   Welding Machine.
                           Welding Journal 58 (1979) Nr. 11,
                           S. 15 ... 21

/15/ Warnecke, H.J.   Taktile Sensoren für programmierbare
      Schweizer, M.   Handhabungsgeräte.
                           wt - Z. ind. Fertig. 69 (1979) Nr. 3,
                           S. 159 ... 163

/16/ Brodbeck, B.   Industrieroboter in den USA.
      Erne, H.   wt - Z. ind. Fertig. 69 (1979) Nr. 10,
                           S. 655 ... 658

/17/ Warnecke, H.J.   Automatisierung eines Bohrarbeits-
      Brodbeck, B.   platzes mit Industrieroboter.
      Schraft, R.D.   wt - Z. ind. Fertig. 69 (1979) Nr. 12,
                           S. 781 ... 785

/18/ Krisztinicz, P.   Perception Problems of Industrial
                           Robot.
                           The Industrial Robot 2 (1975) Nr. 3,
                           S. 107 ... 113

/19/ Goto, T.   Precise Insert Operation by Tactile
      Inoyame, T.   Controlled Robot.
      Takeyasu, K.   The Industrial Robot 1 (1974) Nr. 3,
                           S. 225 ... 228

/20/ Cassinis, R.   Sensing System in Supersigma Robot.
                           Proceedings of the 9th International
                           Symposium on Industrial Robots.
                           Dearborn: SME 1979, S. 437 ... 444

/21/ Salmon, R.   Assembly by Robots.
                           The Industrial Robot 4 (1977) Nr. 2,
                           S. 81 ... 85

/22/ Matsushima, K.   On the Tactile Sensor for a Moving
Yamamoto, M.   Robot and its Application.
Onaka, H.   Proceedings of the 7th International
Symposium on Industrial Robots.
Tokio: JIRA 1977, S. 569 ... 576

/23/ Sato,N.   A Method for Three Dimensional Part
Heginbotham,W.B.   Identification by Tactile Transducer.
Pugh, A.   Proceedings of the 7th International
Symposium on Industrial Robots.
Tokio: JIRA 1977, S. 577 ... 586

/24/ Ueda, M.   One Trial to Use a Simple Visual Sen-
Sakai, I.   sing System for an Industrial Robot.
Proceedings of the 6th International
Symposium on Industrial Robots.
Kempston, Bedford: IFS Ltd. 1976,
S. B1-1 ... B1-8

/25/ Umetani, Y.   Biomechanical Study of "Active Cord-
Hirose, S.   Mechanism" with Tactile Sensors.
Proceedings of the 6th International
Symposium on Industrial Robots.
Kempston, Bedford: IFS Ltd. 1976,
S. C1-1 ... C1-10

/26/ Larcombe,M.H.E.   Tactile Sensors, Sonar Sensors and
Parallax Sensors for Robot Application.
Proceedings of the 6th International
Symposium on Industrial Robots.
Kempston, Bedford IFS Ltd. 1976,
S. C3-25 ... C3-32

/27/ Page, C.J.   Novel Techniques for Tactile Sensing
     Pugh, A.   in a Three-Dimensional Enviroment.
     Heginbotham,W.B.   Proceedings of the 6th International
                         Symposium on Industrial Robots.
                         Kempston, Bedford: IFS Ltd. 1976,
                         S. C4-33 ... C4-46

/28/ Hanafusa, H.   An Adaptive Control of Robot Hand
     Asada, H.   Equipped with Pneumatic Proximity
                        Sensors.
                        Proceedings of the 6th International
                        Symposium on Industrial Robots.
                        Kempston, Bedford: IFS Ltd. 1976,
                        S. D4-31 ... D4-42

/29/ Watson, P.C.   Pedestal and Wrist Force Sensor for
     Drake, S.H.   Automatic Assembly.
                        Proceedings of the 5th International
                        Symposium on Industrial Robots.
                        Dearborn: SME 1975, S. 501 ... 511

/30/ Sakai, I.   Approach and Plan: Most Suitable Con-
     Kamazewa, T.   trol of Grasping in Industrial Robot.
     Ueda, M.   Proceedings of the 5th International
                       Symposium on Industrial Robots.
                       Dearborn: SME 1975, S. 525 ... 531

/31/ Umetani, Y.   Study of a Reticular Locomotive Robot.
     Hatamura, K.   Principle of the Mechanism and Control.
                       Proceedings of the 4th International
                       Symposium on Industrial Robots.
                       Tokio: JIRA 1974, S. 23 ... 32

/32/ Nevins, J.L.   Exploratory Research in Industrial
     Whitney, D.E.   Modular Assembly.
                       Proceedings of the 4th International
                       Symposium on Industrial Robots.
                       Tokio: JIRA 1974, S. 65 ... 78

/33/ Ueda, M.   Sensors and Systems Necessary for
     Shimuzu, T.   Industrial Robots in the Near Future.
                       Proceedings of the 4th International
                       Symposium on Industrial Robots.
                       Tokio: JIRA 1974, S. 79 ... 88

/34/ Takeda, S.   Study of Artificial Tactile Sensors
                       for Shape Recognition.
                       Proceedings of the 4th International
                       Symposium on Industrial Robots.
                       Tokio: JIRA 1974, S. 199 ... 208

/35/ Ueda, M.   Adaptive Grasping Operation of an
     Iwata, K.   Industrial Robot.
                       Proceedings of the 3rd International
                       Symposium on Industrial Robots.
                       München: Verlag Moderne Industrie 1973,
                       S. 301 ... 311

/36/ Ueda, M.   Tactile Sensors for an Industrial
     Iwata, K.   Robot to Detect a Slip.
     Shingu, H.   Proceedings of the 2nd Internatianal
                       Symposium on Industrial Robots.
                       Chicago: IITRI 1972, S. 63 ... 76

/37/ Goto, T.   Compact Packaging by Robot with
     Takeyasu, K.   Tactile Sensors.
     Inoyama, T.   Proceedings of the 2nd International
     Shimomura, R.   Symposium on Industrial Robots.
                       Chicago: IITRI 1972, S. 149 ... 159

/38/ Dröge, K.-H.   Telemanipulatoren - Stand der Technik
                       und Entwicklungstendenzen.
                       Erfahrungsaustausch Ind.-Roboter 75.
                       Stuttgart: Inst. für Produktionstech-
                       nik und Automatisierung d. Fraunhofer-
                       Gesellschaft e.V. 1975, Nr. 37

/39/   Takeyasu, K.   An Approach to the Integrated Intel-
       Kasai, M.   ligent Robot with Multiple Sensory
       Shimomura, R.   Feedback: Construction and Control.
       Goto, T.   Proceedings of the 7th International
       Matsumoto, Y.   Symposium on Industrial Robots.
                           Tokio: JIRA 1977, S. 523 ... 530

/40/   Gruber, J.   Pneumatisches Abtasten vom prismati-
                           schen Körpern.
                           Industrial Handling Revue, Zürich:
                           Mai 1976, Nr. 2, S. 4 ... 7

/41/   Sentyakov,B.A.   Classification of Pneumatic Proximity
       Isupov, G.P.   Position Sensors.
                           Machines & Tooling 48 (1977) Nr. 1,
                           S. 36 ... 37

/42/   Sentyakov, B.A.   Fluidic System for Pattern Recognition.
       Isupov, G.P.   Machines & Tooling 49 (1978) Nr. 2,
                           S. 30 ... 32

/43/   Sentyakov,B.A.   Jet Device for Measuring Torque.
       Galiev, G.   Machines & Tooling 47 (1976) Nr. 4,
                           S. 38

/44/   Hill, J.W.   Touch Sensors and Control.
       Sword, A.J.   Proceedings of the 1st National
                           Conference on Remotely Manned Systems
                           - Exploration and Operation in Space.
                           Pasadena, Cal.: NASA 1972,
                           S. 351 ... 368

/45/   Bejczy, K.   Effect of Hand-Based Sensors on
                           Manipulator Control Performance.
                           Mechanism and Machine Theory 12(1977),
                           S. 547 ... 567

/46/   Jurevich, E.I.   Second Generation Robots of Leningrad
                          Polytechnical Institute.
                          The Industrial Robot 5 (1978) Nr. 3,
                          S. 127 ... 130

/47/   Inoue, H.   Computer Controlled Bilateral
                          Manipulator.
                          Bulletin of JSME 14 (1971) Nr. 69,
                          S. 199 ... 207

/48/   Larcombe, M.H.E.   Tactile Perception for Robot Devices.
                          Proceedings of the 1st Conference on
                          Industrial Robot Technology.
                          Kempston, Bedford: IFS Ltd. 1973,
                          S. r16-191 ... R16-196

/49/   Hill, H.W.   Studies to Design and Develop Improved
       Sword, A.J.   Remote Manipulator Systems.
                          NASA Contractor Report NASA-CR-2238
                          Washington, D.C.: 1973

/50/   Kinoshita, G.   Pattern Classification of the Grasped
       Aida, S.   Object by the Artificial Hand.
       Mori, M.   Proceedings of the 3rd International
                          Joint Conference on Artificial Intel-
                          ligence.
                          Stanford, Cal.: 1973, S. 665 ... 669

/51/   Kinoshita, G   Pattern Recognition by an Artificial
       Aida,S.   Tactile Sense.
       Mori, M.   Proceedings of the 2nd International
                          Joint Conference on Artificial Intel-
                          ligence.
                          London: 1971, S. 376 ... 384

109

/52/   Aida, S.
       Cordella, L.
       Ivacevic, N.
       Visual-Tactile Symbiotic System for Stereometric Pattern Recognition. Proceedings of the 2nd International Joint Conference on Artificial Intelligence. London: 1971, S. 244 ... 277

/53/   Hirt, D.
       Isenberg, G.
       Entwicklung eines adaptiven Greifsystems. Fördern und heben (Fachteil mht) 26 (1976) Nr.13, S. 24 ... 26

/54/   Stute, G.
       Erne, H.
       Entwicklung einer sensorgeführten Steuerung für Handhabungssysteme. Abschlußbericht zum Forschungsvorhaben 01 VC 076-ZA TAP 0004, BMFT-HdA (Juni 1980). Zur Veröffentlichung eingereicht.

/55/   Garrat, J.D.
       Whitehouse, D.J.
       Displacement Transducers below 50 mm - A Comparative Survey. Annals of the CIRP 28 (1979) Nr. 2, S. 511 ... 518

/56/   Ueda, M.
       Matsuda, F.
       Matsuyama, S.
       A Simple Distance Sensor and a New Mini-Computer-System. Proceedings of the 9th International Symposium on Industrial Robots. Dearborn: SME 1979, S. 477 ... 488

/57/   Schweizer, M.
       Abele, E.
       Sensorgesteuerte Industrieroboter für Bearbeitungsaufgaben. Proceedings of the 8th International Symposium on Industrial Robots. Kempston, Bedford: IFS Ltd. 1978, S. 904 ... 919

/58/ Nitzan, D.   The Measurement and Use of Registered
      Brain, A.E.   Reflectance and Range Data in Scene
      Duda, R.O.   Analysis.
                        Proceedings of the IEEE 65 (1977) Nr.2,
                        S. 206 ... 220

/59/ DIN 19237   Steuerungstechnik, Begriffe (1975)

/60/ DIN 66025   Programmaufbau für numerisch gesteuer-
                        te Arbeitsmaschinen. Blatt 1 ... 4 (1972)

/61/ VDI 2864   (Entwurf) Adressierung von Koordinaten
                        und Funktionen bei der Programmierung
                        numerisch gesteuerter Handhabungs-
                        systeme.
                        Düsseldorf: VDI-Verlag 1980

/62/ Damsohn, H.   Fünfachsiges NC-Fräsen. Ein Beitrag
                        zur Technologie, Teileprogrammierung
                        und Postprozessorverarbeitung.
                        Berlin, Heidelberg, New York: Springer
                        1976

/63/ Henning, H.   Fünfachsiges NC-Fräsen. Beitrag zur
                        numerischen Flächendarstellung, Pro-
                        grammierung und Fertigung.
                        Berlin, Heidelberg, New York: Springer
                        1976

/64/ Sanzenbacher, M. Beitrag zur NC-gerechten Beschreibung von
                        Werkstücken mit gekrümmten Flächen.
                        Berlin, Heidelberg, New York: Springer,
                        1982

/65/ Coons, S.A.   Surfaces for Computer Aided Design of
                        Space Forms. MAC-TR-41, Project MAC.
                        Cambridge: MIT 1967

/66/   Stute, G.   Führungsgrößenerzeugung für Handhabungs-
       Keppeler, M.   systeme.
                        wt - Z. ind. Fertig. 71 (1981) Nr. 3,
                        S. 147 ... 151

Berichte aus dem Institut für Steuerungstechnik der Werkzeugmaschinen und Fertigungseinrichtungen der Universität Stuttgart

Herausgegeben von Prof. Dr.-Ing. G. Stute

Erschienen:

ISW 1: D. Schmid, Numerische Bahnsteuerung, 89 S., 1972

ISW 2: H. Schwegler, Fräsbearbeitung gekrümmter Flächen, 111 S., 1972

ISW 3: J. Eisinger, Numerisch gesteuerte Mehrachsenfräsmaschinen, 90 S., 1972

ISW 4: R. Nann, Rechnersteuerung von Fertigungseinrichtungen, 125 S., 1972

ISW 5: G. Augsten, Zweiachsige Nachformeinrichtungen, 140 S., 1972

ISW 6: B. Karl, Die Automatisierung der Fertigungsvorbereitung durch NC-Programmierung, 121 S., 1972

ISW 7: H. Eitel, NC-Programmiersystem, 117 S., 1973

ISW 8: E. Knorr, Numerische Bahnsteuerung zur Erzeugung von Raumkurven auf rotationssymmetrischen Körpern, 131 S., 1973

ISW 9: S. Bumiller, Viskohydraulischer Vorschubantrieb, 123 S., 1974

ISW 10: K. Maier, Grenzregelung an Werkzeugmaschinen, 139 S., 1974

ISW 11: J. Waelkens, NC-Programmierung, 159 S., 1974

ISW 12: E. Bauer, Rechnerdirektsteuerung von Fertigungseinrichtungen, 138 S., 1975

IWS 13: H. König, Entwurf und Strukturtheorie von Steuerungen für Fertigungseinrichtungen, 206 S., 1976

ISW 14: H. Damson, Fünfachsiges NC-Fräsen, 143 S., 1976

ISW 15: H. Jetter, Programmierbare Steuerungen, 141 S., 1976

ISW 16: H. Henning, Fünfachsiges NC-Fräsen gekrümmter Flächen, 179 S., 1976

ISW 17: K. Boelke, Analyse und Beurteilung von Lagesteuerungen für numerisch gesteuerte Werkzeugmaschinen, 106 S., 1977

ISW 18: F.-R. Götz, Regelsystem mit Modellrückkopplung für variable Streckenverstärkung, 116 S., 1977

ISW 19: H. Tränkle, Auswirkungen der Fehler in den Positionen der Maschinenachsen beim fünfachsigen Fräsen, 103 S., 1977

ISW 20: P. Stof, Untersuchungen über die Reduzierung dynamischer Bahnabweichungen bei numerisch gesteuerten Werkzeugmaschinen, 118 S., 1978

ISW 21: R. Wilhelm, Planung und Auslegung des Materialflusses flexibler Fertigungssysteme, 158 S., 1978

ISW 22: N. Kappen, Entwicklung und Einsatz einer direkten digitalen Grenzregelung für eine Fräsmaschine mit CNC, 123 S., 1979

ISW 23: H. G. Klug, Integration automatisierter technischer Betriebsbereiche, 124 S., 1978

ISW 24: D. Binder, Interpolation in numerischen Bahnsteuerungen, 132 S., 1979

ISW 25: O. Klingler, Steuerung spanender Werkzeugmaschinen mit Hilfe von Grenzregeleinrichtungen (ACC), 124 S., 1979

ISW 26: L. Schenke, Auslegung einer technologisch-geometrischen Grenzregelung für die Fräsbearbeitung, 113 S., 1979

ISW 27: H. Wörn, Numerische Steuersysteme-Aufbau und Schnittstellen eines Mehrprozessorsteuersystems, 141 S., 1979

ISW 28: P. B. Osofisan, Verbesserung des Datenflusses beim fünfachsigen NC-Fräsen, 104 S., 1979

ISW 29: J. Berner, Verknüpfung fertigungstechnischer NC-Programmiersysteme, 101 S., 1979

ISW 30: K.-H. Böbel, Rechnerunterstütze Auslegung von Vorschubantrieben, 113 S., 1979

ISW 31: W. Dreher, NC-gerechte Beschreibung von Werkstücken in fertigungstechnisch orientierten Programmsystemen, 105 S., 1980

ISW 32: R. Schurr, Rechnerunterstützte Projektierung hydrostatischer Anlagen, 115 S., 1981

ISW 33: W. Sielaff, Fünfachsiges NC-Umfangsfräsen verwundener Regelflächen. Beitrag zur Technologie und Teileprogrammierung, 97 S., 1981

ISW 34: J. Hesselbach, Digitale Lageregelung an numerisch gesteuerten Fertigungseinrichtungen, 111 S., 1981

ISW 35: P. Fischer, Rechnerunterstützte Erstellung von Schaltplänen am Beispiel der automatischen Hydraulikplanzeichnung, 111 S., 1981

ISW 36: U. Ackermann, Rechnerunterstützte Auswahl elektrischer Antriebe für spanende Werkzeugmaschinen, 118 S., 1981

ISW 37: W. Döttling, Flexible Fertigungssysteme – Steuerung und Überwachung des Fertigungsablaufs, 105 S., 1981

ISW 38: J. Firnau, Flexible Fertigungssysteme – Entwicklung und Erprobung eines zentralen Steuersystems, 112 S., 1981

ISW 39: A. Herrscher, Flexible Fertigungssysteme – Entwurf und Realisierung prozeßnaher Steuerungsfunktionen, 103 S., 1981

ISW 40: U. Spieth, Numerische Steuersysteme – Hardwareaufbau und Ablaufsteuerung eines Mehrprozessorsteuersystems, 115 S., 1982.

ISW 41: A. Schimmele, Rechnerunterstützter Entwurf von Funktionssteuerungen für Fertigungseinrichtungen, 106 S., 1982

ISW 42: M. Sanzenbacher, NC-gerechte Beschreibung von Werkstücken mit gekrümmten Flächen, 105 S., 1982.

ISW 43: W. Walter, Interaktive NC-Programmierung von Werkstücken mit gekrümmten Flächen, 112 S., 1982.

ISW 44: J. Huan, Bahnregelung zur Bahnerzeugung an numerisch gesteuerten Werkzeugmaschinen, 95 S., 1982.

ISW 45: H. Erne, Taktile Sensorführung für Handhabungseinrichtungen-Systematik und Auslegung sensorgeführter Steuerungen, 111 S., 1982.

In Vorbereitung:

ISW 46: D. Plasch, Numerische Steuersysteme-Standardisierte Softwareschnittstellen in Mehrprozessor-Steuersystemen, ca. 112 S., 1983.

Springer-Verlag
Berlin · Heidelberg · New York